高等职业教育系列教材

电机与电气控制项目化教程

主　编　庞丽芹　徐志成

副主编　王　屹　李冠男　宋　楠

参　编　田　园　王一卉　马　骏

机 械 工 业 出 版 社

本书结合我国高等职业教育课程改革实际，本着以学习者能力培养为目标的原则，选取适当的项目和典型工作任务为载体，将知识掌握与技能训练有机结合。本书涵盖了电机拖动基础和电气控制两大部分内容，包括10 个项目。其中，电气控制包含继电器—接触器控制和 PLC 控制，PLC选取德国西门子公司 S7－200 系列机型。同时，本书还嵌入了中、高级维修电工职业技能鉴定的内容，使专业教学与职业资格培训于一体。书中内容以应用知识"必需、够用"为标准，重在技能培养，以满足职业院校学生及相关技术人员学习需要。

本书可作为高职高专院校电气自动化技术、电气控制技术、机电一体化技术、数控技术等相关专业教学用书，也可作为相关专业的培训教材和从事电工技术的工程技术人员的参考用书。

本书配有授课电子课件，需要的教师可登录 www. cmpedu. com 免费注册，审核通过后下载，或联系编辑索取（QQ：1239258369，电话：010-88379739）。

图书在版编目（CIP）数据

电机与电气控制项目化教程/庞丽芹，徐志成主编 . —北京：机械工业出版社，2018. 1（2023. 1 重印）
高等职业教育系列教材
ISBN 978-7-111-58604-3

Ⅰ.①电… Ⅱ.①庞…②徐… Ⅲ.①电机学-高等职业教育-教材②电气控制-高等职业教育-教材 Ⅳ.①TM3②TM921. 5

中国版本图书馆 CIP 数据核字（2017）第 314053 号

机械工业出版社（北京市百万庄大街 22 号 邮政编码 100037）
策划编辑：王 颖 责任编辑：李文轶
责任校对：张 薇 责任印制：单爱军
北京虎彩文化传播有限公司印刷
2023 年 1 月第 1 版第 5 次印刷
184mm×260mm · 13. 5 印张 · 321 千字
标准书号：ISBN 978-7-111-58604-3
定价：39. 90 元

电话服务　　　　　　　网络服务
客服电话：010-88361066　机 工 官 网：www. cmpbook. com
　　　　　010-88379833　机 工 官 博：weibo. com/cmp1952
　　　　　010-68326294　金 书 网：www. golden-book. com
封底无防伪标均为盗版　机工教育服务网：www. cmpedu. com

前　言

高等职业教育肩负着培养面向生产、建设、服务和管理第一线的高技能人才的使命，在我国加快推进社会主义现代化建设进程中具有不可替代的作用。本书编者针对高等职业院校学生的特点，加强课程建设与改革，更好地培养学生的社会适应性，提高学习能力、实践能力、创造能力、就业能力和创业能力，对相关行业、企业进行广泛调研，充分征求相关工程技术人员的意见和建议，结合编者所在院校的课程改革实践编写而成。

本书融入行动导向的教学理念，采取工学交替、项目引领、任务驱动等模式，根据专业技术领域和职业岗位（群）的任职要求，参照有关行业的职业资格标准和职业技能鉴定培训内容，将"电动机及拖动基础""工厂电气控制设备""可编程序控制器应用技术"等课程进行有机整合，以具体任务为载体，实施理论实践一体化、教学做一体化。体现了教学过程中的开放性、实践性和职业性，强化了应用性和针对性，突出了学生的主体地位和能力培养目标。

本书根据职业教育的特点和规律共设计变压器的使用，交流电动机的应用，直流电动机的应用，常用特种电动机的认知，常用低压电器的使用，三相异步电动机直接起动控制电路分析与检测，三相异步电动机减压起动控制电路的分析，三相异步电动机制动控制电路的设计、分析、安装与检测，典型机床电气控制电路的分析，可编程序控制器的应用 10 个项目。其中，项目 1~3 为变压器和电动机部分，以学习型任务为主，使学生掌握变压器、交直流电动机和常用特种电动机的结构、工作原理和运行维护与日常检修方法。项目 4~9 为以继电器-接触器为主要器件的电气控制部分，以工作型学习任务为主，通过完成各种电气控制电路的分析和故障检测等工作，实现"做中学"，使学生掌握常用低压控制元器件的结构、动作原理、选用及检修方法、基本控制环节、各种电气控制电路的分析设计方法和典型机床电气控制电路的原理分析与故障检测方法。项目 10 为以德国西门子公司 S7 - 200 系列 PLC 机型为例，简单介绍了可编程序控制器的应用，作为传统电气控制的补充。本书以专业应用知识为主，删除了陈旧、偏多、偏深的理论内容；加强了定性分析和物理意义的阐述，减少了繁杂的公式推导。同时，设计了"技能训练""习题"等环节，以便于学生技能培养及知识的拓展。本书建议教学学时为 60~80 学时，各院校可根据专业设置情况，培养目标及具体资源情况灵活掌握，部分任务可选择课外完成。

本书可作为高职高专院校电气自动化技术、电气控制技术、机电一体化技术、数控技术等相关专业的教学用书，也可作为相关专业的培训教材和从事电工技术的工程技术人员的参考用书。

本书是机械工业出版社组织出版的"高等职业教育系列教材"之一，由长春职业技术学院"电机与电气控制"省级精品课程教学团队编写。课程负责人庞丽芹编写了项目 6；徐志成编写了项目 4、项目 5；王屹编写了项目 7；李冠男编写了项目 2、项目 3；宋楠编写了项目 10；田园编写了项目 8、项目 9；王一卉编写了项目 1；马骏参与项目 6 的编写，并与庞丽芹一起对全书进行了统稿。

在编写过程中，编者参阅了大量的相关专业书籍和资料，并吸收了行业、企业人员的大量意见和建议，在此向原著作者和行业企业相关技术人员表示衷心的感谢。

由于编者水平有限，书中难免有疏漏和不足之处，恳请使用本书的广大读者提出宝贵意见，以便今后进一步完善。

编　者

目　　录

项目 1　变压器的使用

学习目标：

1）掌握变压器的基本结构、工作原理、分类及应用。

2）掌握单相变压器的变压、变流和变阻抗的原理。

3）了解三相电力变压器的基本结构，掌握三相电力变压器的运行特性，并能正确分析变压器的外特性、效率特性等。

4）掌握其他用途变压器，如自耦变压器、仪用互感器等常用变压器的基本结构、原理及应用，了解电焊变压器、整流变压器的结构及用途。

5）能正确选择和使用变压器。

1.1　任务 1　变压器的认知

任务描述

熟练掌握变压器的基本结构，掌握变压器的工作原理，了解变压器的分类以及变压器的用途，能够识别变压器的铭牌。

变压器是一种静止的电气设备，它利用电磁感应原理，将一种电压等级的交流电能转换为同频率的另一种电压等级的交变电压。因其主要用途是变换电压，故称为变压器。变压器不仅具有变换电压的作用，还具有变换电流、变换阻抗、改变相位和电磁隔离的作用。变压器不仅用于电力系统中电能的传输和分配，而且广泛用于电气控制领域、电子技术领域、测试技术领域和焊接技术领域等。

1.1.1　变压器的基本结构

变压器主要由两部分组成：铁心——变压器的磁路，绕组——变压器的电路。对于不同种类的变压器，还装有其他附件。

1. 铁心

铁心是变压器的主磁路，并作为变压器的机械骨架。铁心由铁心柱和铁轭构成，铁心柱上套装绕组，铁轭起连接铁心柱，具有使磁路闭合的作用。对铁心的要求是磁导性能要好，磁滞损耗及涡流损耗要尽量小，因此均采用 0.3 ~ 0.35mm 厚、表面涂有绝缘漆的硅钢片制作。

单相变压器的铁心可分为叠片式和卷制式两种，如图 1-1 所示。以前曾用热轧硅钢片制作铁心，但由于其磁滞及涡流损耗大，已淘汰。目前国产硅钢片均为冷轧无取向硅钢片和冷轧晶粒硅钢片。随着科学技术的发展，目前已开始采用铁基、铁镍基和钴基等非晶带材料来制作变压器的铁心，它具有体积小、效率高和节能等优点，发展前途广阔。

（1）叠片式铁心

叠片式铁心的结构形式有心式和壳式两种。可以构成心式变压器或壳式变压器两种，如

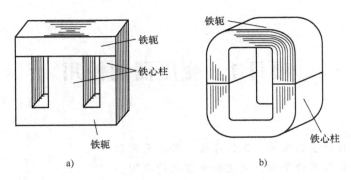

图 1-1　单相变压器铁心

a) 叠片式铁心　b) 卷制式铁心

图 1-1a、b 所示。单相变压器结构外型如图 1-2 所示。心式变压器结构简单，绕组的装配及绝缘设置也较容易，国产电力变压器主要用心式结构。壳式铁心结构的变压器特点是铁心包围绕组，壳式变压器的机械强度好，但制造复杂、铁心材料消耗多，只在一些特殊变压器（如电炉变压器）中应用。

　　叠片式铁心的装配，一般均采用交叠式叠装，使上、下层的接缝错开，减小接缝间隙，以减少励磁电流。当采用冷轧硅钢片时，由于冷轧硅钢片顺碾压方向的磁导系数高，损耗小，故用斜切钢片的叠装方法。

图 1-2　单相变压器结构

a) 心式变压器　b) 壳式变压器　c) C 形变压器

（2）卷制式铁心

卷制式铁心系用 0.3mm 晶粒取向冷轧硅钢片剪裁成一定宽度的硅钢带后再卷制成环形，将铁心捆绑扎牢固后切割成两个 "U" 字形，如图 1-1b 所示。图 1-2c 使用卷制式铁心制成的 C 形变压器。该类型变压器由于其制作工艺简单，正在小容量的单相变压器中逐渐普及。

2. 绕组（线圈）

变压器的线圈通常称为绕组，是变压器中的电路部分。小变压器一般用具有绝缘的漆包圆铜线绕制而成，对容量稍大的变压器则用扁铜线或扁铝线绕制。根据高、低压绕组在铁心柱上排列方式的不同，变压器的绕组可分为同心式和交叠式两种。

通常变压器有两种绕组，工作时与电源相连的绕组称为一次绕组；与负载相连的绕组称为二次绕组。

在变压器中，接到高压电网的绕组称为高压绕组，接到低压电网的绕组称为低压绕组。按高压绕组和低压绕组的相互位置和形状不同，绕组可分为同心式和交叠式两种。

同心式绕组是将高、低压绕组同心地套装在铁心柱上，如图 1-3 所示。通常是接电源的一次绕组绕在里层，绕完后包上绝缘材料再绕二次绕组，一次、二次绕组呈同心式结构。有时为了便于绝缘，也可以将低压绕组绕在里面，包上绝缘后再绕高压绕组。由于同心式绕组结构简单，制造容易，小型的电源变压器、控制变压器、低压照明变压器等均采用这种结构。

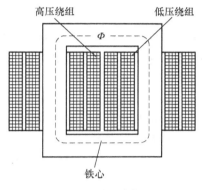

图 1-3　同心式绕组

1.1.2　变压器的基本工作原理

两个互相绝缘且匝数不同的绕组分别套装在铁心上，两绕组间只有磁的耦合而没有电的联系，其中，一次绕组的匝数为 N_1；二次绕组的匝数为 N_2。

变压器图形符号如图 1-4 所示，变压器原理示意图如图 1-5 所示。

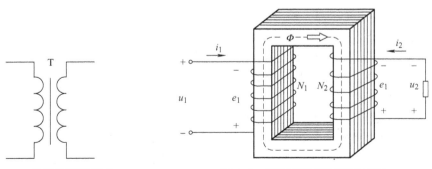

图 1-4　变压器图形符号　　　　　图 1-5　变压器工作原理示意图

一次绕组加上交流电压 u_1 后，绕组中便有交流电流 i_1 通过，i_1 将在铁心中产生与 u_1 同频率的交变磁通 ϕ，根据电磁感应原理，将分别在两个绕组中感应出电动势 e_1 和 e_2，如图 1-5 所示。

$$e_1 = -N_1\frac{\mathrm{d}\phi}{\mathrm{d}t} \tag{1-1}$$

$$e_2 = -N_2\frac{\mathrm{d}\phi}{\mathrm{d}t} \tag{1-2}$$

若把负载接在二次绕组上，则在电动势e_2的作用下，有电流i_2流过负载，实现了电能的传递。理论分析和实践都表明，一次、二次绕组感应电动势的大小（近似于各自的电压u_1及u_2）与绕组匝数成正比，故只要改变一次、二次绕组的匝数，就可达到改变电压的目的，这就是变压器的基本工作原理。

1.1.3 变压器的分类及用途

1. 变压器的分类

变压器种类很多，通常可按其用途、相数、铁心结构、绕组结构和冷却方式等进行分类。其中最常见的是按用途来分类。图 1-6 所示为常用的变压器外形图。

（1）按用途分类

1）电力变压器。

电力变压器又分为升压变压器、降压变压器、配电变压器、联络变压器。用作电能的输送与分配，这是生产数量最多、使用最广泛的变压器。

2）特种变压器。

在特殊场合使用的变压器，如作为焊接电源的电焊变压器；专供大功率电炉使用的电炉变压器；将交流电整流成直流电时使用的整流变压器等。

3）仪用互感器。

用于电工测量中，如电流互感器、电压互感器等。用于测量仪表和继电保护装置。

4）控制变压器。

容量一般比较小，用于小功率电源系统和自动控制系统，如电源变压器、输入变压器、输出变压器和脉冲变压器等。

5）其他变压器。

如试验用的高压变压器；输出电压可调的调压变压器；压力传感器中的差分变压器等。

（2）按相数分类

1）单相变压器：用于单相负荷和三相变压器组。

2）三相变压器：用于三相系统的升、降电压。

（3）按铁心形式分

1）心式变压器：用于高压的电力变压器。

2）非晶合金变压器：非晶合金铁心变压器是用新型磁导材料，空载电流下降约 80%，是目前节能效果较理想的配电变压器，特别适用于农村电网、发展中地区等负载率较低的地方。

3）壳式变压器：用于大电流的特殊变压器，如电炉变压器、电焊变压器，或用于电子仪器及电视、收音机等的电源变压器。

（4）按绕组形式分

1）双绕组变压器：用于连接电力系统中的两个电压等级。

2）三绕组变压器：一般用于电力系统区域变电站中，连接三个电压等级。

3）自耦变电器：用于连接不同电压的电力系统。也可作为普通的升压或降后变压器用。

（5）按冷却方式分

1）干式变压器：依靠空气对流进行自然冷却或增加风机冷却，多用于高层建筑、高速收费站点用电及局部照明、电子线路等小容量变压器。

2）油浸式变压器：依靠油作冷却介质。如油浸自冷、油浸风冷、强迫油循环等。

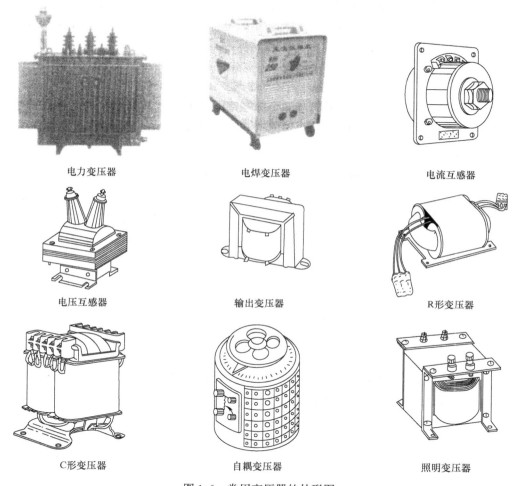

电力变压器　　　　　　　　电焊变压器　　　　　　　　电流互感器

电压互感器　　　　　　　　输出变压器　　　　　　　　R形变压器

C形变压器　　　　　　　　自耦变压器　　　　　　　　照明变压器

图 1-6　常用变压器的外形图

2. 变压器的用途

在电力系统中，变压器是一种非常重要的电气设备。由发电厂发出的电能向用户输送过程中，通常需用很长的输电线，输电线路上的电压越高，则流过输电线路中的电流就越小。这不仅可以减小输电线路的截面积，节约导体材料，同时还可减小输电线路上的电能损耗。因此，目前世界各国在电能的输送与分配方面都向建立高电压、大功率的电力网系统方向发展，以便集中输送，统一调度与分配电能。这就促使输电线路的电压由高压（110～220kV）向超高压（330～750kV）和特高压（750kV以上）不断升级。目前我国高压输电的电压等级有 110kV、220kV、330kV 及 500kV 等多种。发电机本身由于其结构及所用绝缘材料的限制不能直接发出这样的高电压，因此在输电时必须首先通过升压变电站，利用变压器将电压升高再进行输送。

高压电能输送到用电区后，为了保证用电安全和符合用电设备的电压等级要求，还必须经过各级降压变电站，通过变压器进行降压。例如，工厂输、配电线路，高压有 35kV 及 10kV 电压等级，低压有 380V、220V 和 110V 等电压等级。

综上所述，变压器在输、配电系统中起着非常重要的作用。在其他需要特种电源的工业中，变压器的应用也很广泛，如供电给整流设备、电炉等，此外在试验设备、测量设备也应用着各种类型的变压器。

1.1.4 变压器的铭牌

每台变压器上都装有铭牌，如图 1-7 所示，在铭牌上标明了变压器工作时规定的使用条件，主要有型号、额定值和器身质量等有关技术数据以及制造编号和制造厂家。

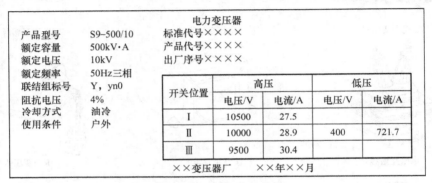

图 1-7 电力变压器铭牌

（1）变压器型号

如图 1-8 所示，变压器的型号表示一台变压器的结构、额定容量、电压等级和冷却方式等内容。例如：SJL－500/10 表示三相油浸自冷双绕组铝线、额定容量 500kV·A、高压侧额定电压 10kV 级变压器。

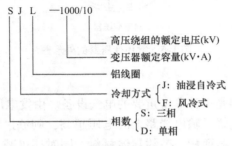

图 1-8 变压器型号示例

（2）额定值

额定值是制造厂根据设计或试验数据，对变压器正常运行状态所作的规定值，主要有以下 4 个。

6

1）额定容量S_N（kV·A）。

额定容量指在额定使用条件下所能输出的视在功率，对三相变压器而言，额定容量指三相容量之和。由于变压器效率很高，双绕组变压器一、二次侧的额定容量按相等设计。

2）额定电压U_{1N}/U_{2N}（kV·A）。

额定电压指变压器长时间运行时所能承受的工作电压。一次额定电压U_{1N}是指根据绝缘强度规定加到一次侧的工作电压；二次额定电压U_{2N}是指变压器一次加额定电压，分接开关位于额定分接头时的二次空载端电压。在三相变压器中，额定电压指的是线电压。

3）额定电流I_{1N}/I_{2N}（A）。

额定电流指变压器在额定容量下，允许长期通过的电流。同样，三相变压器的额定电流指的是线电流。

额定容量、额定电压、额定电流之间的关系如下。

单相变压器

$$S_N = U_{1N}I_{1N} = U_{2N}I_{2N} \tag{1-3}$$

三相变压器

$$S_N = \sqrt{3}\,U_{1N}I_{1N} = \sqrt{3}\,U_{2N}I_{2N} \tag{1-4}$$

4）额定频率f_N（Hz）。

我国规定标准工频为50Hz。

此外，还有效率、温升等额定值。

除额定值外，铭牌上还标有变压器的相数、联结组别和阻抗电压接线图等。

1.2 任务2 单相变压器的运行

任务描述

会分析单相变压器的工作原理，单相变压器空载运行、有载运行以及阻抗变换。

接在单相交流电源上，用来改变单相交流电压的变压器称为单相变压器，其容量一般比较小，主要用作控制和照明。它是利用电磁感应原理，将能量从一个绕组传输到另一个绕组而进行工作的。

1. 变压器的空载运行

变压器一次绕组接在额定频率和额定电压的电网上，而二次绕组开路，即$I_2 = 0$的工作方式称为变压器的空载运行。为了画图方便起见，将图1-5所示的立体图改画成图1-9所示的平面图。

由于变压器在交流电源上工作，因此通过变压器中的电压、电流、磁通及电动势的大小及方向均随时间在不断地变化，为了正确地表示它们之间的相位关系，必须首先规定它们的参考方向。

原则上可以任意规定参考方向，但是如果规定的方法不同，则同一电磁过程所列出的方程式，其正、负号也将不同。为了统一起见，习惯上都按照"电工惯例"来规定参考方向。

（1）电压及电流的参考方向

在同一支路中，电压的参考方向与电流的参考方向一致。

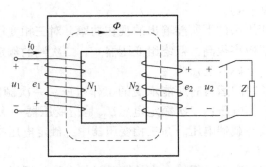

图1-9　单相变压器空载运行

（2）磁通的参考方向

磁通的参考方向与电流的参考方向之间符合右手螺旋定则。

（3）感应电动势的参考方向

由交变磁通 ϕ 产生的感应电动势 e，其参考方向与产生该磁通的电流参考方向一致（即感应电动势 e 与产生它的磁通 ϕ 之间符合右手螺旋定则），如图1-10所示。前面式(1-1)及式(1-2)即是按此参考方向列出的电磁感应定律方程式。

下面分析变压器空载运行时，各物理量之间的关系。

空载时，在外加交流电压 u_1 作用下，一次绕组中通过的电流称为空载电流 i_0。在电流 i_0 的作用下，铁心中产生交变磁通 ϕ（称为主磁通），主磁通 ϕ 同时穿过一次、二次绕组，分别在其中产生感应电动势 e_1 和 e_2，其大小正比于 $\dfrac{\mathrm{d}\phi}{\mathrm{d}t}$。

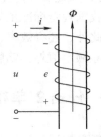

图1-10　参考方向的规定

通过数学分析可得感应电动势和磁通有如下关系：

在相位上，e 滞后 ϕ 90°；在数值上，其有效值为：

e_1 的有效值为

$$e_1 = \frac{E_{1m}}{\sqrt{2}} = 4.44 f N_1 \phi_m \qquad (1\text{-}5)$$

同理 e_2 的有效值为

$$e_2 = 4.44 f N_2 \phi_m \qquad (1\text{-}6)$$

式中，ϕ_m 为交变磁通的最大值，N_1 为一次绕组匝数，N_2 为二次绕组匝数，f 为交流电的频率。

由此可得

$$\frac{e_1}{e_2} = \frac{N_1}{N_2} \qquad (1\text{-}7)$$

如略去一次绕组中的阻抗不计，则外加电源电压 $U_1 \approx e_1$。而 U_1 与 e_1 的参考方向正好相反，即电动势已与外加电压 U_1 相平衡。

在空载情况下，由于二次绕组开路，故端电压 U_2 与电动势 e_2 已相等，

因此当加在变压器的绕组电阻和漏磁通均忽略不计，则一、二次绕组中电动势的有效值近似等于一、二次绕组上电压的有效值。

由此可得

$$U_1 \approx e_1 = 4.44 f N_1 \phi_m \qquad (1\text{-}8)$$

$$U_1 \approx e_1 = 4.44 f N_1 \phi_m \qquad (1\text{-}9)$$

$$\frac{U_1}{U_2} \approx \frac{e_1}{e_2} = \frac{N_1}{N_2} = K_u = K \qquad (1\text{-}10)$$

式中，K_u 称为变压器的变压比，简称变比，也可用 K 来表示，是变压器中最重要的参数之一。

【例 1-1】　有一单相变压器的一次侧电压为 $U_1 = 220\text{V}$，二次侧电压 $U_2 = 10\text{V}$，二次绕组匝数 N_2 为 50 匝，试求该变压器的变压比和一次侧绕组的匝数。

解： 变压比为 $K = \dfrac{U_1}{U_2} = \dfrac{220}{10} = 22$

则一次绕组的匝数为 $N_1 = N_2 K = 50 \times 22$ 匝 $= 1100$ 匝。

由式（1-10）可见：变压器一次、二次绕组的电压与一次、二次绕组的匝数成正比，也即变压器有变换电压的作用，如果 $N_2 > N_1$，则 $U_2 > U_1$，称为升压变压器；如果 $N_2 < N_1$，则 $U_2 < U_1$，称为降压变压器。

由式（1-8）可见：对某台变压器而言，f 及 N_1 均为常数，因此当加在变压器上的交流电压有效值 U_1 恒定时，则变压器铁心中的磁通 ϕ_m 基本上保持不变。这个恒磁通的概念很重要，在以后的分析中经常会用到。

2. 变压器的负载运行

变压器一次绕组接额定电压，二次绕组与负载相连的运行状态称为变压器的负载运行，如图 1-11 所示。此时二次绕组中有电流 i_2 通过，由于该电流是依据电磁感应原理由一次绕组感应而产生，因此一次绕组中的电流也由空载电流 i_0 变为负载电流 i_1。变压器效率一般都很高，因此可以近似认为，变压器的输入功率 $U_1 I_1$ 与输出功率 $U_2 I_2$ 相等，即

式中，K_i 称为变压器的变流比。

$$U_1 I_1 = U_2 I_2$$

则
$$\frac{I_1}{I_2} = \frac{U_2}{U_1} \approx \frac{N_2}{N_1} = \frac{1}{K_u} = K_i \qquad (1\text{-}11)$$

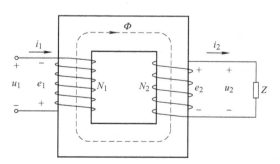

图 1-11　单相变压器负载运行

式（1-11）表明，变压器一次、二次绕组中的电流与一次、二次绕组的匝数成反比，即变压也有变换电流的作用，且电流的大小与匝数成反比。

所以，变压器的高压绕组匝数多，而通过的电流小，因此绕组所用的导线细；反之低压绕组匝数少，通过的电流大，所用的导线较粗。

3. 变压器的阻抗变换

变压器不仅具有电压变换和电流变换的作用，还具有阻抗变换的作用，如图 1-12 所示，当变压器二次绕组接上阻抗为 Z 的负载后，则

$$Z = \frac{U_2}{I_2} = \frac{\frac{N_2}{N_1}U_1}{\frac{N_1}{N_2}I_1} = \left(\frac{N_2}{N_1}\right)^2 \frac{U_1}{I_1} = \frac{1}{K^2}Z' \tag{1-12}$$

式中，$Z' = \dfrac{U_1}{I_1}$，相当于直接接在一次绕组上的等效阻抗，如图 1-12 所示。故

$$Z' = K^2 Z \tag{1-13}$$

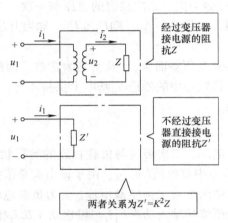

图 1-12　变压器的阻抗变换

可见接在变压器二次绕组上的负载 Z 与不经过变压器直接接在电源上的负载 Z' 相比，减小了 $1/K^2$。也就是负载阻抗通过变压器接电源时，相当于该阻抗变为原阻抗的 K^2。

在电子电路中，为了获得较大的功率输出，往往对输出电路的输出阻抗与所接的负载阻抗之间有一定的要求。例如，对音响设备来讲，为了能在扬声器中获得最好的音响效果（获得最大的功率输出），要求音响设备输出的阻抗与扬声器的阻抗尽量相等。但实际上扬声器的阻抗恰恰很小，在几欧、十几欧以上，而音响设备等信号的输出阻抗恰恰很大，在几百欧、几千欧以上，为此通常在两者之间加接一个变压器（称为输出变压器、线间变压器）来达到阻抗匹配的目的。

【例 1-2】　某一音响设备输出电路的输出阻抗为 $Z' = 400\Omega$，接入的阻抗为 $Z = 4\Omega$，现加接一个输出变压器使两者实现阻抗匹配，求该变压器的变比 K；若该变压器一次绕组匝数 $N_1 = 600$ 匝，问二次绕组匝数 N_2 为多少？

解：

$$K = \sqrt{\frac{Z'}{Z}} = \sqrt{\frac{400}{4}} = 10$$

$$N_2 = \frac{N_1}{K} = \frac{600}{10}\text{匝} = 60\text{匝}$$

1.3 任务3 三相电力变压器的使用

任务描述

掌握三相电力变压器的结构及工作原理，掌握三相电力变压器的损耗及效率，三相电力变压器的外特性及电压变化率。

1.3.1 三相油浸式电力变压器的结构

三相变压器的用途是变换三相电压。它主要用于输电、配电系统中，常称为电力变压器。三相变压器与3台单相变压器相比，简化了结构和节约了材料。变压器的每个铁柱上都绕有一、二次绕组，相当于一个单相变压器。在三相电力变压器中，目前使用最广泛的是三相油浸式电力变压器。外形如图1-13所示，它主要由铁心、绕组、油箱、冷却装置和保护装置等部件组成。

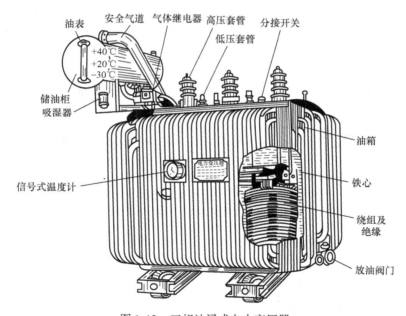

图1-13 三相油浸式电力变压器

（1）铁心

铁心是三相变压器的磁路部分，与单相变压器一样，它由0.23~0.3mm厚的硅钢片叠压（或卷制）而成，20世纪70年代以前生产的电力变压器铁心采用热轧硅钢片，缺点是变压器体积大，损耗大，效率低。20世纪80年代起生产的新型电力变压器铁心均用高磁导率、低损耗的冷轧晶粒取向硅钢片制作，以降低其损耗，提高变压器的效率，这类变压器称为低损耗变压器。从1985年起，新生产及新上电网的必须是低损耗电力变压器，采用新的软磁材料非晶合金作为铁心材料的非晶合金变压器正在被迅速推广。

目前国产低损耗电力变压器的铁心分为叠片式铁心和卷制式铁心两种，均采用心式结构。

1）叠片式铁心。

铁心采用交叠式的叠装工艺，即把剪成条状的硅钢片用两种不同的排列法交错叠放，每层将接缝错开叠装，图1-14a所示用于热轧硅钢片，而冷轧硅钢片则采用图1-14b所示的45°的斜切硅钢片进行叠装。

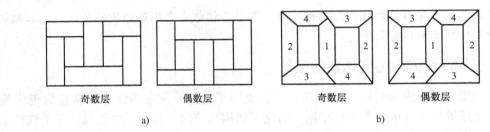

图1-14　三相电力变压器叠片式铁心

a）三相交叠式铁心叠片方式　b）斜切冷轧硅钢片的叠装方式

铁心柱的截面形状与变压器的容量有关，单相变压器及小型三相电力变压器采用正方形或长方形截面，如图1-15a所示；在大、中型三相电力变压器中，为了充分利用绕组内圆的空间，通常采用阶梯形截面，如图1-15b、c所示。阶梯形的级数越多，则变压器结构越紧凑，但叠装工艺越复杂。

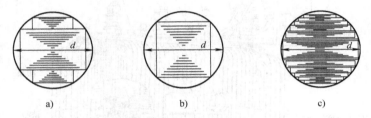

图1-15　铁心柱截面形状

a）方形　b）阶梯形　c）多级阶梯形

铁心叠装好以后，上部及下部用夹件夹紧成为一个整体，如图1-16所示。

图1-16　叠片式铁心变压器器身

叠片式铁心的主要缺点是铁心的剪冲及叠装工艺比较复杂，不仅给制造而且给维修带来许多麻烦，同时由于接缝的存在也增加了变压器的空载损耗。

2）卷制式铁心。

随着制造技术的不断成熟，像单相变压器一样，采用卷制式铁心结构的三相电力变压器已在三相电力变压器中被采用。卷制式铁心结构如图1-17所示。优点是噪声小、价格低，已开始大批量生产。

由于卷制式铁心没有硅钢片间的接缝，故空载电流与叠片式铁心相比可下降70%，空载损耗（铁损耗）降低约30%，噪声低，并可节约20%左右的硅钢片用量及3%左右的用铜量，特别适用于城乡配电电网，在我国现已开始大批量生产。

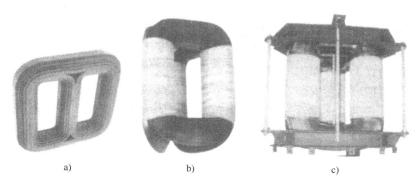

图 1-17　卷制式铁心结构
a）三相平面铁心　b）立体三角形铁心　c）装配好的立体三角形卷制式铁心

3）非晶合金铁心。

随着我国节能减排的要求，非晶合金铁心制作的三相电力变压器已开始生产并大力发展。非晶合金是采用铁基、铁镍基和钴基等合金，采用先进的超级冷技术将液态金属直接冷却形成厚度为 0.02 ~ 0.04mm 的固体薄带材料来制作变压器铁心，它具有高饱和磁感应强度、低矫顽磁力、低损耗等优点，空载损耗可比叠片式硅钢片铁心下降70% ~ 80%，空载电流下降约85%，负载损耗下降20% ~ 30%，节能效果十分明显。

（2）绕组

绕组是三相电力变压器的电路部分。一般用绝缘纸包的扁铜线或扁铝线绕成，绕组的作用是作为电流的通路，产生磁通和感应电动势。

在三相电力变压器中，接到高压电网的绕组称为高压绕组，接到低压电网的绕组称为低压绕组。绕组的结构形式主要是采用同心式绕组，即高压绕组和低压绕组同心地套在铁心柱上，同心绕组具有结构简单、制造方便的优点，国产变压器多采用这种结构。同心绕组的基本形式如图1-18所示。它又可分为圆筒式、分段式、螺旋式和连续式。

 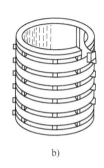 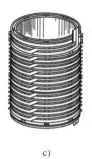 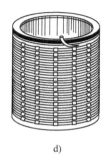

图 1-18　同心绕组的基本形式
a）圆筒式　b）分段式　c）螺旋式　d）连续式

（3）油箱和冷却装置

油浸变压器的器身浸在充满变压器油的油箱里。变压器油既是绝缘介质，又是冷却介质，它通过受热后的对流，将铁心和绕组的热量带到箱壁及冷却装置，再散发到周围空气中。

油箱的结构与变压器的容量、发热情况密切相关。变压器的容量越大，发热问题就越严重。在小容量变压器中采用平板式油箱；容量稍大的变压器采用排管式油箱，即在油箱侧壁焊接许多冷却用的管子，以增大油箱散热面积。当装设排管不能满足散热需要时，则先将排管做成散热器，再把散热器安装在油箱上，以增强冷却效果。此外，大型主变压器还采用强迫油循环冷却等方式，以增强冷却效果。强迫油循环的冷却装置称为冷却器，不强迫油循环的冷却装置称为散热器。

（4）分接开关

分接开关是用以改变高压绕组的匝数，从而调整电压比的装置。双绕组变压器的一次绕组及三绕组变压器的一、二次绕组一般都有 3~5 个分接头位置，相邻分接头之间电压相差 ±5%，多分接头的变压器相邻分接头之间电压相差 ±2.5%。

分接开关的操作部分装于变压器顶部，经传杆伸入变压器油箱内，以改变接头位置。分接开关分为两种：一种是无载分接开关，另一种是有载分接开关。后者可以在带负荷的情况下进行切换、调整电压。

（5）保护装置

1）储油柜。

储油柜（又称为油枕）是一种油保护装置，水平地安装在变压器油箱盖上，用弯曲联管与油箱连通，柜内油面高度随变压器油的热胀冷缩而变动。储油柜的作用是保证变压器油箱内充满油，减少油和空气的接触面积，从而降低变压器油受潮和老化的速度。

2）气体继电器。

在油箱和储油柜之间的连接管中装有气体继电器，当变压器发生故障时，内部绝缘物气化，使气体继电器动作，发出信号或使开关跳闸。

3）防爆管（安全气道）。

有些变压器在油箱上部装有防爆管，它是一个长的圆形钢筒，上端用酚醛纸板密封，下端与油箱连通，若变压器发生故障导致油箱内压力骤增时，油流冲破玻璃板或酚醛纸板，以免造成变压器箱体爆裂。近年来，国产电力变压器广泛采用压力释放阀来取代防爆管，其优点是动作精度高、延时时间短、能自动开启及自动关闭，克服了停电更换防爆管的缺点。

4）绝缘套管。

变压器绝缘套管是将线圈的引出线对地（外壳）绝缘，又担负着固定引线的作用。套管大多数装于箱盖上，中间穿有导电杆，套管下部伸进油箱，导电杆下端与绕组引线相连，套管上部露出箱外，导电杆上端与外电路连接。

套管的结构形式，主要决定于电压等级。1kV 以下采用纯瓷套管，10~35kV 采用空心充气或充油套管，110kV 以上采用电容式套管。为增加表面放电距离，高压绝缘套管外部做成多级伞形。

1.3.2 三相电力变压器的损耗及效率

变压器从电源输入的有功功率P_1和向负载输出的有功功率P_2已可分别用$P_1 = \sqrt{3}\,U_1 I_1 \cos\phi_1$和$P_2 = \sqrt{3}\,U_2 I_2 \cos\phi_2$表示。两者之差为变压器的损耗，$\Delta P$，它包括铜损耗$P_{Cu}$和铁损耗$P_{Fe}$两部分，即

$$\Delta P = P_{Cu} + P_{Fe} \tag{1-14}$$

1. 铁损耗P_{Fe}

变压器的铁损耗主要是指铁心中的磁滞损耗和涡流损耗，它取决于铁心中的磁通密度的大小、磁通交变的频率和硅钢片的质量等。变压器的铁损耗与一次绕组上所加的电源电压大小有关，而与负载电流的大小无关。当电源电压一定时，铁心中的磁通基本不变，故铁损耗也就基本不变，因此铁损耗又称为"不变损耗"。

2. 铜损耗P_{Cu}

变压器的铜损耗主要是指电流在一次、二次绕组的电阻上产生的损耗。在变压器中铜损耗与负载电流的平方成正比，所以铜损耗又称为"可变损耗"。

3. 效率

变压器的输出功率与输入功率P_1之比称为变压器的效率，

$$\eta = \frac{P_2}{P_1} \times 100\% = \frac{P_2}{P_2 + \Delta P} \times 100\% = \frac{P_2}{P_2 + P_{Cu} + P_{Fe}} \times 100\% \tag{1-15}$$

由于变压器没有旋转的部件，不像电动机那样有机械损耗存在，因此变压器的效率一般都比较高。中、小型电力变压器效率在95%以上，大型电力变压器效率可达99%以上。

【例1-3】 某三相电力变压器额定容量600kV·A，设功率因数为1，二次电压 $U_{2N} = 300V$，铁损耗 $P_{Fe} = 0.98kW$，额定负载时铜损耗 $P_{Cu} = 4.1kW$，求二次额定电流 I_{2N} 及变压器效率 η。

解：

$$I_{2N} = \frac{S_N}{\sqrt{3}\,U_{2N}} = \frac{600 \times 1000}{\sqrt{3} \times 300}A = 1155A$$

$$P_2 = S_N \cos\phi_2 = 600kW$$

$$\eta = \frac{P_2}{P_1} \times 100\% = \frac{P_2}{P_2 + P_{Fe} + P_{Cu}} \times 100\% = \frac{600}{600 + 0.98 + 4.1} = 99.2\%$$

4. 效率特性

变压器在不同的负载电流I_2时，输出功率P_2及铜损耗P_{Cu}都在变化，因此变压器的效率 η 也随负载电流I_2的变化而变化，其变化规律通常用变压器的效率特性曲线来表示，图中1-19所示，$\beta = \dfrac{I_2}{I_{2N}}$称为负载系数，式中$I_{2N}$为二次绕组额定电流。

数学分析可知：当变压器的铁损耗等于铜损耗时，$P_{Cu} = P_{Fe}$时，变压器的效率最高，通常热轧硅钢片铁心变压器的最高效率位于 $\beta = 0.6 \sim 0.7$，而冷轧硅钢片铁心变压器的最高效率位于 $\beta = 0.3 \sim 0.5$。也就是说，目前我国生产及上网运行的三相电力变压器当负载

为变压器额定容量的30%～50%时，变压器效率最高、最经济，这一点在选用变压器时十分重要。

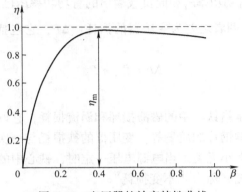

图 1-19　变压器的效率特性曲线

1.3.3　三相电力变压器的外特性及电压变化率

变压器在运行时，其二次绕组的输出电流I_2将随负载的变化而不断地变化。而从保证供电的质量角度出发，又希望在输出电流I_2变化时，变压器的输出电压U_2尽量保持不变。而实际上要做到在I_2变化时，U_2保持不变是很困难的。其原因如下：

变压器加上负载之后，随着负载电流I_2的增加，I_2在二次绕组内部的阻抗压降也会增加，使二次绕组输出的电压U_2随之发生变化。另一方面，由于一次绕组电流I_1随I_2增加，因此I_2增加时，使一次绕组漏阻抗上的压降也增加，一次绕组电动势E_1和二次绕组电动势E_2也增加。

变压器的外特性是用来描述输出电压U_2随负载电流I_2的变化而变化的情况。

当一次绕组电压U_1和负载的功率因数$\cos\varphi_2$一定时，二次绕组电压U_2与负载电流I_2的关系，称为变压器的外特性。它可以通过实验求得。不同时的几条外特性绘于图1-20中，可以看出，当$\cos\varphi_2=1$时，U_2随I_2的增加而下降得并不多；当$\cos\varphi_2$降低时，即在感性负载时，U_2随I_2增加而下降的程度加大，这是因为滞后的无功电流对变压器磁路中的主磁通的去磁作用更为显著，而使E_1和E_2已有所下降的缘故；但当φ_2为负值时，即在容性负载时，超前

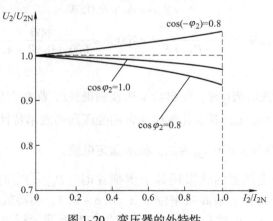

图 1-20　变压器的外特性

的无功电流有助磁作用，主磁通会有所增加，E_1和E_2也相应加大，使得U_2会随I_2的增加而提高。以上叙述表明，负载的功率因数对变压器外特性的影响是很大的。

一般情况下，变压器的负载大多数是感性负载，因而当负载增加时，输出电压U_2总是下降的，其下降的程度常用电压变化率来描述。当变压器一次绕组接额定电压，二次绕组空载时的电压U_{2N}（称为额定电压）与额定负载时的电压U_2之差与U_{2N}之比的百分值就称为变压器的电压变化率，用$\Delta U\%$来表示。

$$\Delta U\% = \frac{U_{2N} - U_2}{U_{2N}} \times 100\% \tag{1-16}$$

式中，U_{2N}为变压器空载时二次绕组的电压，U_2为二次绕组输出额定电流时的电压。

电压变化率反映了供电电压的稳定性，是变压器的一个重要性能指标。$\Delta U\%$越小，说明变压器二次绕组输出的电压越稳定，因此要求变压器的$\Delta U\%$越小越好。常用的电力变压器从空载到满载，电压变化率为$3\% \sim 5\%$。

【例1-4】 某台供电电力变压器将$U_{1N} = 10000V$的高压降压后对负载供电，要求该变压器额定负载下的输出电压为$U_2 = 380V$，该变压器的电压变化率$\Delta U\% = 5\%$，求该变压器二次绕组的额定电压U_{2N}及变比K_u。

解：由式可得

$$0.05 = \frac{U_{2N} - 380}{U_{2N}} U_{2N} = 400V$$

$$K_u = \frac{U_{1N}}{U_{2N}} = \frac{10000}{400} = 25$$

1.4 任务4 其他用途变压器的使用

任务描述

掌握自耦变压器的结构，了解自耦变压器的优缺点及用途；掌握仪用互感器的结构及使用注意事项；了解电焊变压器及整流变压器的基本结构及用途。

1.4.1 自耦变压器

1. 结构特点及用途

前面叙述的变压器，其一次、二次绕组是分开绕制的，它们虽装在同一铁心上，但相互之间是绝缘的，即一次、二次绕组之间只有磁的耦合，而没有电的直接联系，这种变压器称为双绕组变压器。如果把一次、二次绕组合二为一，使二次绕组成为一次绕组的一部分，这种只有一个绕组的变压器称为自耦变压器，如图1-21所示。可见自耦变压器的一次、二次绕组之间除了有磁的耦合外，还有电的直接联系。由下面的分析可知，自耦变压器可节省铜和铁的消耗，从而减小变压器的体积、重量，降低制造成本，且有利于大型变压器的运输和安装。在高压输电系统中，自耦变压器主要用来连接两个电压等级相近的电力网，作联络变压器之用。在实验室常用具有滑动触点的自耦调压器获得可任意调节的交流电压。此外，自耦变压器还常用作异步电动机的起动补偿器，对电动机进行减压起动。

2. 电压、电流及容量关系

自耦变压器也是利用电磁感应原理工作的，当一次绕组U_1、U_2两端加交变电压时U_1，

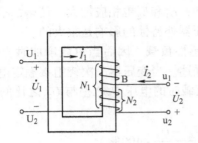
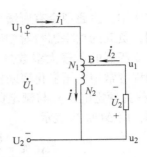

图 1-21 自耦变压器工作原理

铁心中产生交变的磁通，并分别在一次绕组及二次绕组中产生感应电动势 E_1 及 E_2，当二次绕组接上负载后，就有电流 I_2 流过，通过分析，它们也满足下式

$$\frac{I_2}{I_1} = \frac{U_1}{U_2} = \frac{N_1}{N_2} = K \tag{1-17}$$

式中，K 为变比。

　　自耦变压器一次、二次绕组中的电流大小与匝数成反比，在相位上互差 $180°$。因此，流经公共绕组中的电流 I 的大小为

$$I = I_2 - I_1 \tag{1-18}$$

　　所以，流经公共绕组中的电流总是小于输出电流 I_2。当变比 K 接近 1 时，则 I_1 与 I_2 的数值相差不大，即公共绕组中的电流 I 很小，因而这部分绕组可用截面积较小的导线绕制，以节约用铜量，并减小自耦变压器的体积与重量。

　　理论分析和实践都可以证明：当一次、二次绕组电压之比接近 1 时，或者说不大于 2 时，自耦变压器的优点比较显著，当变比大于 2 时，好处就不多了。所以实际应用的自耦变压器，其变比一般在 1.2 ~ 2.0 的范围内。因此在电力系统中，用自耦变压器把 110kV、150kV、220kV 和 330kV 的高压电力系统连接成大规模的动力系统。

　　自耦变压器不仅用于降压，也可作为升压变压器。如果把自耦变压器的抽头做成滑动触点，就可构成输出电压可调的自耦变压器。为了使滑动接触可靠，这种自耦变压器的铁心做成圆环形，其上均匀分布绕组，滑动触点由碳刷构成，由于其输出电压可调，因此称为自耦调压器，其外形图和电路原理图如图 1-22 所示。自耦变压器的一次绕组匝数 N_1 固定不变，并与电源相连，一次绕组的另一端点 U_2 和滑动触点 a 之间的绕组 N_2 就作为二次绕组。当滑动触点 a 移动时，输出电

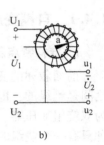

图 1-22 单相自耦调压器
a）外形图 b）电路原理图

压 U_2 随之改变，这种调压器的输出电压 U_2 可低于一次绕组电压，也可稍高于一次绕组电压。如实验室中常用的单相调压器，一次绕组输入电压 $U_1 = 220V$，二次绕组输出电压 $U_2 = 0 \sim 250V$，在使用时，要注意：一次、二次绕组的公共端 U_2 或 u_2 接中性线，U_1 端接电源相线，u_1 端和 u_2 端作为输出。此外还必须注意自耦调压器在接电源之前，必须把手柄转到零位，使输出电压为零，以后再慢慢顺时针转动手柄，使输出电压逐步上升。

3. 三相自耦调压器

实验室及试验站中往往需要电压可调的三相交流电压，一般均采用三相自耦调压器来获得，其构成及原理接线图如图 1-23 所示。通常三相自耦调压器由三个单相调压器组合而成，它们共用一个调节输出电压的转轴与手柄。图 1-23b 中为三相自耦调压器，三相交流电源加在三相自耦调压器一次绕组的三个首端 $1U_1$、$1V_1$、$1W_1$，末端为星形联结，中性点为 N。三相自耦调压器可调的输出电压从 $1u_1$、$1v_1$、$1w_1$ 及 N 点输出。

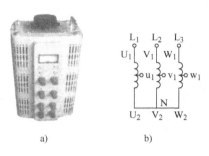

图 1-23　三相自耦调压器
a）外形图　b）电路原理图

自耦变压器的主要优缺点（和普通双绕组变压器比较如下所述）。

1）主要优点。

自耦变压器的设计容量小于额定容量，故在同样的额定容量下，自耦变压器要尺寸小，有效材料（硅钢片和铜线）和结构材料（钢材）都较节省，降低了成本，较高，重量减轻，故便于运输和安装，占地面积也小。

2）主要缺点。

由于一、二次绕组间有电的直接联系，运行时一、二次侧都需装设避雷器，以防高压侧产生过电压时，引起低压绕组绝缘的损坏。这是很不安全的，因此要求自耦变压器在使用时必须正确接线，且外壳必须接地，并规定安全照明变压器不允许采用自耦变压器结构形式。

4. 用途

目前，在高电压、大容量的输电系统中，自耦变压器主要用来连接两个电压等级的电力网，作联络变压器之用，三相自耦变压器如图 1-23a 所示。在试验室中还常采用二次侧有滑动接触的自耦变压器作调压器，如图 1-23b 所示。

1.4.2　仪用互感器

电工仪表中的交流电流表一般可直接用来测量 20A 以下的电流，交流电压表可直接用于测量 450V 以下的电压。而在实践中有时往往需测量几百安、几千安的大电流及几千伏、几十千伏的高电压，此时必须加接仪用互感器。

仪用互感器是作为测量用的专用设备，分电流互感器和电压互感器两种，它们的工作原理与变压器相同。

使用仪用互感器的目的有：一是为了测量人员的安全，使测量回路与高压电网相互隔离；二是扩大测量仪表（电流表及电压表）的测量范围。

仪用互感器除用于交流电流及交流电压的测量外，还用于各种继电保护装置的测量系统，因此仪用互感器的应用很广，下面分别介绍。

1. 电流互感器

在电工测量中用来按比例变换交流电流的仪器称为电流互感器。

电流互感器的基本结构形式及工作原理与单相变压器相似，它也有两个绕组：一次绕组（一次线圈）串联在被测的交流电路中，流过的是被测电流 I_1，一般只有一匝或几匝，用粗导线绕制；二次绕组（二次线圈）匝数较多，与交流电流表相接，如图 1-24 所示。

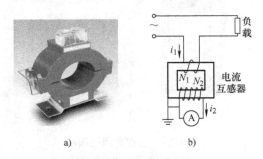

图 1-24　电流互感器

a）外形图　b）原理图

由变压器工作原理可得：

$$\frac{I_1}{I_2} = \frac{N_2}{N_1} = K_i$$

$$或 \quad I_1 = K_i I_2 \tag{1-19}$$

式中，K_i 为电流变比，是个常数，标在电流互感器的铭牌上。只要读出接在电流互感器二次绕组一侧电流表的读数 I_2，则一次电路的待测电流 I_1 就能得到。一般二次电流表用量程为 5A 的仪表。只要改变接入的电流互感器的变流比，就可测量大小不同的一次电流。在实际应用中，与电流互感器配套使用的电流表已换算成一次电流，其标度尺即按一次电流分度，这样可以直接读数，不必再进行换算。例如，按 5A 制造的与额定电流比为 600A/5A 的电流互感器配套使用的电流表，其标度尺即按 600A 分度。

使用电流互感器时必须注意以下事项：

1）电流互感器的二次绕组绝对不允许开路。

因为二次绕组开路时，电流互感器处于空载运行状态，此时一次绕组流过的电流（被测电流）全部为励磁电流，使铁心中的磁通迅速增大，造成铁心过热，烧损绕组；另一方面将在二次绕组感应出很高的脉冲尖峰电压，可能使绝缘击穿，并危及测量人员和设备的安全。因此在检修时，必须先将电流互感器的二次绕组短接。

2）电流互感器的铁心及二次绕组一端必须可靠接地，如图 1-24b 所示，以防止绝缘击穿后，电力系统的高压传到低压侧，危及二次侧设备操作及人员的安全。

3）电流互感器有一定的额定容量，使用时二次测不一接入过多的仪表，以免影响互感器的准确度。

利用互感器原理制造的便携式钳形电流表如图 1-25 所示。目前生产和使用的有指针式数字式两类，它们的工作原理是相似的，压动压块，即可使可动铁心张开，将被测载流导线钳铁心窗口中，被测导线相当于电流互感器的一次绕组，铁心上绕二次绕组，与测量仪表相连，可直接读出被测电流的数值。其优点是测量线路电流时不必断开电路，使用方便。

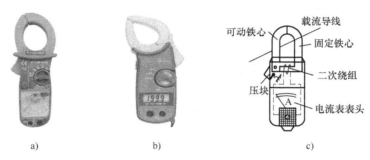

图 1-25　钳形电流表

a) 指针钳形电流表　b) 数字钳形电流表　c) 工作原理

使用钳形电流表时应注意使被测导线处于窗口中央，否则会增加测量误差；不知电流大小时，应将选档开关置于大量程上；如果被测电流过小，可将被测导线在钳口内多绕几圈，然后将读数除以所绕匝数；使用时还要注意安全，保持与带电部分的安全距离，如被测导线的电压较高时，还应戴绝缘手套和使用绝缘垫。

2. 电压互感器

在电工测量中用来按比例变换交流电压的仪器称为电压互感器，如图 1-26 所示。

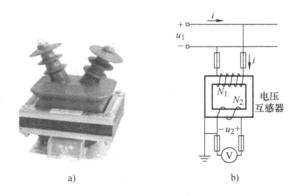

图 1-26　电压互感器

a) 外形图　b) 电路原理图

电压互感器的基本结构形式及工作原理与单相变压器很相似。它的一次绕组匝数为 N_1，与待测电路并联，二次绕组匝数为 N_2，与电压表并联。一次电压为 U_1，二次电压为 U_2，因此电压互感器实际上是一台降压变压器，则有

$$K_u = \frac{U_1}{U_2} = \frac{N_1}{N_2}$$

或　　$U_1 = K_u U_2$　　　　　　　　　　　　　　　（1-20）

式中　K_u——电压变比，为常数。

K_u 常标在电压互感器的铭牌上，只要读出二次电压表的读数，一次电路的电压即可由式得出。一般二次电压表均用量程为 100V 的仪表。只要改变接入的电压互感器的变压比，

就可测量高低不同的电压。在实际应用中，与电压互感器配套使用的电压表已换算成一次电压，其标度尺即按一次电压分度，这样可以直接读数，不必再进行换算。例如，按100V制造但与额定电压比10000V/100V的电压互感器配套使用的电压表，其标度尺即接10000V分度。

使用电压互感器时必须注意以下事项：

1）电压互感器的二次绕组在使用时绝不允许短路。若二次绕组短路，将产生很大的短路电流，导致电压互感器烧坏。

2）电压互感器的铁心及二次绕组的一端必须可靠地接地，如图1-26b所示，以保证工作人员及设备的安全。

3）电压互感器有一定的额定容量，使用时二次绕组回路不宜接入过多的仪表，以免影响电压互感器的测量精度。

【例1-5】 用10000/100V的电压互感器，变流比为100A/5A的电流互感器扩大量程，其电流表读数为4.1A，电压表读数为77V，试求被测电路的电流、电压各为多少？

解：因为电流互感器负载电流等于电流表读数乘上电流互感器电流比，即

$$I_1 = \frac{N_2}{N_1}I_2 = K_i I_2 = \frac{100}{5} \times 4.1\text{A} = 82\text{A}$$

而电压互感器所测电压等于电压表读数乘上电压比即

$$U_1 = \frac{N_1}{N_2}U_2 = K_u U_2 = \frac{10000}{100} \times 77\text{V} = 7700\text{V}$$

被测电路的电流为82A，电压为7700V。

1.4.3 电焊变压器

交流弧焊机由于结构简单、成本低廉、制造容易和维护方便而被广泛采用。电焊变压器是交流电焊机的主要组成部分，它实质上是一台特殊的降压变压器。在焊接中，为了保证焊接质量和电弧的稳定燃烧，对电焊变压器提出了如下的要求：

电焊变压器在空载时，应有一定的空载电压，通常 $U_0 = 60 \sim 70\text{V}$，以保证起弧容易。一方面，为了操作者的安全，空载起弧电压又不能太高，最高不宜超过85V。有负载时，电压应随负载的增大而急剧下降，即应有陡降的外特性，如图1-27所示。通常在额定负载时的输出电压30V左右。在短路时，短路电流 I_{sc} 不应过大，以免损坏电焊机。

为了适应不同的焊接工件和不同焊条的需要，要求电焊变压器输出的电流能在一定范围内进行调节。

为了满足上述要求，电焊变压器必须具有较大的漏抗，而且以进行调节。因此，电焊变压器的结构特点是，铁心的气隙比较大，一次、二次绕组不是同心地套在一个铁心柱上，而是在不同的铁心柱上，再用磁分路法、串联可变电抗器法及改变二次绕组的接法等来调节焊电流。工业上使用的交流弧焊机类型很多，如抽头式、可动铁心式、可动线圈式和综合式等，都是依据上述原理制造的。交流弧焊机的外形如图1-27a、b所示。

BX1是最具代表性的一种弧焊机，它的电焊变压器为磁分路动铁心式结构，铁心由固定铁心和活动铁心两部分组成。固定铁心为"口"字形，在固定铁心两边的方柱上绕有一次绕组和二次绕组，如图1-27c所示。活动铁心装在固定铁心中间的螺杆上，当摇动

铁心调节装置手轮时，螺杆转动，活动铁心就沿着导杆在固定铁心的方口中移动，从而改变固定铁心中的磁通，调节焊接电流。焊接电流的粗调靠变更二次绕组接线板上的连接片的接法来实现，接法Ⅱ用于焊接电流大的场合，接法Ⅰ用于焊接电流小的场合。焊接电流的细调节则是通过手轮移动铁心的位置，改变漏抗，从而得到均匀的电流调节。BX1系列弧焊机有3种型号，其中BX135的焊接电流调节范围为25～150A，用于薄钢片的焊接；BX1－330的焊接电流调节范围为50～450A、BX1－500则为50～680A，可用来焊接不同厚度的低碳钢板。

图 1-27 交流弧焊机
a）BX1 系列动铁心式外形 b）BX3 系列动线圈式外形 c）BX1 电路图

动圈式弧焊机的典型产品是 BX3 系列。它的焊接电流调节是靠改变一次绕组和二次绕组之间的距离（从而改变它们之间的漏抗大小）来实现的。还可将一次及二次绕组串联或并联来扩大电流调节范围。

1.4.4 整流变压器

用来单独给整流电路供电的电源变压器称为整流变压器，它是整流装置中的重要组成部分。

1. 整流变压器的作用

1）在一般情况下整流电路所需要的供电电压与电网电压往往不一致，这就需用整流变压器把电网电压变换成整流电路要求的电压。

2）在大容量整流电路中，为了得到平稳的直流电压，往往采用多相整流电路（如六相整流、十二相整流），可用三相整流变压器，其二次侧接成六相或十二相。

3）为了尽可能减少电网与整流装置之间的相互干扰，要求把整流后的直流电路与电网交流电路之间能够隔离，也要用整流变压器。

2. 整流变压器的结构与工作特点

1）普通电源变压器的负载一般都是恒定的阻抗，因此输入与输出的电流、电压波形一般都是正弦波，而且一次、二次绕组视在功率相等。

2）整流变压器的二次绕组由于所接整流元件只在一个周期内的部分时间轮流导电，所以二次绕组中流过的电流是非正弦电流，含有直流分量。它将使铁心损耗增加而发热，另外往往需加强绝缘。

23

1.5　技能训练　单相变压器的同名端测定

1. 相关知识

由于变压器的一次、二次绕组绕在同一个铁心上，都被磁通 ϕ 交链，故当磁通交变时，两个绕组中感应出的电动势有一定的方向关系，即当一次绕组的某一端点瞬时电位为正时，二次绕组也必有一电位为正的对应端点。这两个对应的端点，就称为同极性端或同名端，通常符号"·"或用"*"等表示。

在使用变压器或其他磁耦合线圈时，经常会遇到两个线圈极性的正确连接问题，例如某一变压器的一次绕组由两个匝数相等绕向一致的绕组组成，见图 1-28a 中绕组 1－2 和 3－4。如每个绕组额定电压为 110V；则当电源电压为 220V 时，应把两个绕组串联起来使用，接法如图 1-28b 所示；如电源、电压为 110V 时，则应将它们并联起来使用，接法如图 1-28c 所示。当接法正确时，则两个绕组所产生的磁通方向相同，它们在铁心中互相叠加。如接法错误，则两个绕组所产生的磁通方向相反，它们在铁心中互相抵消，使铁心中的合成磁通为零，如图 1-29 所示。在每绕组中也就没有感应电动势产生，相当于短路状态，会把变压器烧毁。因此在进行变压器绕组的连接时，事先确定好各绕组的同名端是十分必要的。

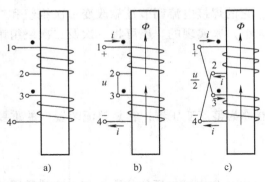

图 1-28　变压器绕组的正确连接

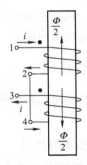

图 1-29　变压器绕组连接错误

1）分析法。

对两个绕向已知的绕组而言，可这样判断：当电流从两个同名端流入（或流出）时，铁心中所产生的磁通方向是一致的。如图 1-28 所示，1 端和 3 端为同名端，电流从这两个端点流入时，它们在铁心中产生的磁通方向相同。同样可判断图 1-30 中的两个绕组，则 1 端和 4 端为同名端。

2）实验法。

对于一台已经制成的变压器，无法从外部观察其绕组的绕向，因此无法辨认其同名端，此时可用实验的方法进行测定，测定的方法有直流法和交流法两种。

直流法用 1.5V 或 3V 的直流电源，按图 1-31 所示连接，直流电源接在高压绕组上，而指针式直流电压表（0～5V 或 0～10V）接在低压绕组两端。当开关 S 合上的一瞬间，如直流电压表指针向正方向摆动，则接直流电源正极的端子与接直流电压表正极的端子为同名端。

交流法如图 1-32 所示，将一次、二次绕组各取一个接线端连接在一起，如图中的 2（即 U_2）和 4（即 u_2），并在一个绕组上（图中为 N_1 绕组）加一个较低的交流电压 u_{12}，再用交流电压表分别测量 U_{12}、U_{13}、U_{34} 各值，如果测量结果为 $U_{13} = U_{12} - U_{34}$，则说明 N_1、N_2 绕组为反极性串联，故 1 和 3 为同名端。如果 $U_{13} = U_{12} + U_{34}$，则 1 和 4 为同名端。

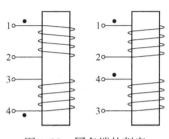

图 1-30　同名端的判定

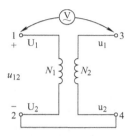

图 1-31　直流法测定绕组的同名端

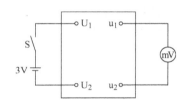

图 1-32　交流法测定绕组的同名端

2. 实训目的

测定单相变压器的同名端。

3. 仪器与设备

单相变压器 500V·A，380V/220V、交流电流表 0～3A、交流电压表 0～450V、指针式万用表 500 型、直流电压表 0～5V、干电池 3V、刀开关。

4. 操作内容与步骤

同名端的测定有直流法和交流法等，本实训用直流法进行测定，最后可用交流法进行复核。

（1）用直流法测定同名端

1）图 1-32 接线，将被测单相变压器一次绕组通过开关 S 接在 1.5～3V 的电池上，二次绕组接入万用表直流电压表 0～5V 档。

2）闭合开关 S，在 S 闭合的瞬间，若万用表指针正向偏转，则接于电池正极及接于万用表正极的接线端为同名端，若指针反向偏转，则为异名端。

（2）用交流法复核同名端

可按图 1-31 的接线进行复核，判定两者所得结果是否一致。

5. 注意事项

1）单相变压器必须分清一次绕组及二次绕组，不能接反。

2）注意人身及设备安全，如遇到异常情况，应立即断开电源开关，待处理好故障后再继续进行试验。

6. 完成实训报告

用直流法和交流法来判定单相变压器的同极性端所得结果是否一致? 如不一致, 则找出原因。

1.6 习题

1. 判断题

1) 变压器既可以变换电压、电流和阻抗, 又可以变换频率和功率。 （　　）

2) 变压器铁心不一定用硅钢片制作, 也可用薄铜片或铝片制作。 （　　）

3) 变压器是利用电磁感应原理, 将电能从一次绕组传输到二次绕组的。 （　　）

4) 变压器一次绕组及二次绕组均开路的运行方式称为空载运行。 （　　）

2. 简答题

1) 变压器有哪些主要部件? 其功能是什么?

2) 变压器按其用途的不同可分为哪些类别?

3) 自耦变压器的特点是什么? 使用自耦变压器的注意事项有哪些? 优点以及缺点是什么?

4) 使用电流互感器时须注意哪些事项?

5) 使用电压互感器时须注意哪些事项?

6) 为什么叠装变压器铁心的接缝叠得越整齐越好?

7) 为了保证电焊的质量和电弧燃烧的稳定性, 对电焊变压器有哪些具体要求?

8) 某低压照明变压器 $U_1 = 380V$, $I_1 = 0.263A$, $N_1 = 1010$ 匝, $N_2 = 103$ 匝, 求二次绕组对应的输出电压 U_2 及输出电流 I_2。该变压器能否给一个 60W 且电压相当的低压照明灯供电?

9) 三相电力变压器的电压变化率 $\Delta U = 5\%$, 要求该变压器在额定负载下输出的相电压为 $U_2 = 220V$, 求该变压器二次绕组的额定相电压 U_{2N}。

10) 一台单相变压器 $P_2 = 50kW$, 铁损耗为 0.5kW, 若该变压器的实际效率为 98%, 求铜损耗。

11) 用变压比为 10000V/100V 的电压互感器, 变流比为 100A/5A 的电流互感器扩大量程, 此时电压表读数为 98V, 电流表读数为 4A, 求被测电路的电压及电流值。

项目 2　交流电动机的应用

学习目标：

1）掌握三相交流异步电动机的结构和工作原理。

2）熟悉三相交流异步电动机的运行原理。

3）能够运用机械特性分析异步电动机的起动、调速、反转和制动。

2.1　任务 1　三相异步电动机的拆装

任务描述

通过对三相异步电动机的拆装，掌握其结构、工作原理，理解铭牌数据，并能对常用三相异步电动机的绕组进行连接。

2.1.1　三相异步电动机的结构

三相异步电动机是交流电动机的一种，又称为感应电动机。它具有结构简单、制造容易、坚固耐用、维修方便、成本较低和价格便宜等一系列优点，因此被广泛应用在工业、农业、国防、航天、科研、建筑、交通以及人们的日常生活当中。但它的功率因数较低，在应用上受到了一定的限制。

现在各种机械都广泛应用电动机来拖动。电动机按电源的种类不同可分为交流电动机和直流电动机，交流电动机又分为异步电动机和同步电动机。在异步电动机中按照结构不同又可分为笼型交流异步电动机和绕线式异步电动机。其中笼型交流异步电动机由于结构简单、运行可靠、维护方便、价格便宜，是所有电动机中应用最广泛的一种。

三相异步电动机在结构上主要由静止部分和转动部分两大部分组成。静止部分称为定子，转动部分称为转子，转子装在定子腔内，定子、转子之间有一缝隙，称为气隙。此外，还有机座、端盖、轴承、接线盒和风扇等其他部分。图 2-1 所示为三相笼型异步电动机的结构图。根据转子绕组的不同结构形式，可分为笼型（鼠笼型）和绕线型两种。

1. 定子部分

定子部分主要由定子铁心、定子绕组和机座三部分组成。

（1）定子铁心

定子铁心是电动机磁路的一部分，如图 2-2 所示，一般由 0.5mm 厚的导磁性能较好的硅钢片叠成，每层硅钢片之间都是绝缘的，以减少涡流损耗，定子铁心安放在机座内。

（2）定子绕组

定子绕组是电动机的电路部分，随三相交流电流的变化产生一定磁极对数的旋转磁场。三相异步电动机的定子绕组是一个三相对称绕组。由三个相同的绕组组成，每个绕组即为一相。三相绕组在铁心内圆周面上相差 120°，每相绕组的首末端分别用 $U_1 - U_2$、$V_1 - V_2$、$W_1 - W_2$

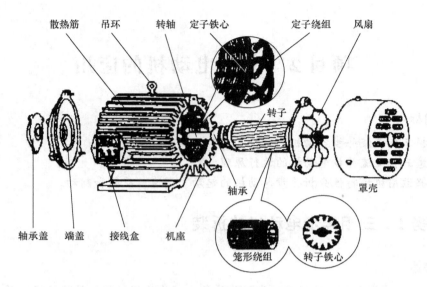

图 2-1 三相笼型异步电动机结构图

表示。三相绕组的 6 个出线端引到接线盒上，从接线处嵌放在定子铁心冲片的内圆槽内。定子绕组分单层和双层两种，一般小型异步电动机采用单层绕组，大中型异步电动机采用双层绕组。

（3）机座

异步电动机的机座起到固定和支撑定子铁心和端盖，保护电动机的绕组和旋转部分的作用，机座通常用铸铁制成。

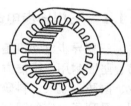

图 2-2　定子铁心

2. 转子部分

（1）转子铁心

转子铁心与定子铁心之间有很小的空气隙，与定、转子铁心一起共同组成电动机的磁路。转子铁心外圆周上均匀分布的槽是用来安放转子绕组的。

（2）转子绕组

转子绕组有笼型和绕线型两种结构，如图 2-3 所示。笼型转子绕组是由嵌在转子铁心槽内的铜条或铝条以及与其两端短接的端环组成，外形像一个鼠笼，故称为笼型转子。

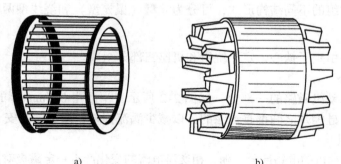

a)　　　　　　　　　　　　　　　b)

图 2-3　笼型异步电动机转子示意图

a）铜条绕组　b）铸铝绕组

28

绕线型转子绕组与定子绕组相似，如图 2-4 所示，在转子铁心槽中嵌放对称的三相绕组，做星形联结。将 3 个绕组的尾端联结在一起，3 个首端分别接到装在转轴上的 3 个铜制圆环上，并通过电刷与外电路的可变电阻相连，供起动和调速用。

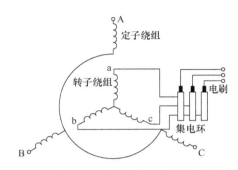

图 2-4　绕线型异步电动机定子、转子连接示意图

3. 气隙

感应电动机的气隙是均匀的。气隙大小对异步电动机的运行性能和参数影响较大。励磁电流由电网供给，气隙越大，励磁电流也就越大。而励磁电流又属于无功性质，它要影响电网的功率因数。气隙过小，则将引起装配困难，容易出现扫膛，并导致运行不稳定。中小型异步电动机的气隙一般为 0.2～1.5mm。

2.1.2　三相异步电动机铭牌

每台电动机的外壳上都附有一块铭牌，铭牌上打印着这台电动机的一些基本数据如图 2-5 所示。

三相异步电动机			
型号 Y112M-2	编号××××		
4kW	8.2A		
380V	2890r/min	LW79dB/A	
接法△	防护等级IP44	50Hz	××kg
ZBK2007-88	工作制	B级绝缘	××年××月
××电机厂			

图 2-5　三相异步电动机的铭牌

铭牌数据的含义如下。

1. 型号

如 Y112M－2　Y——表示（笼型）异步电动机（YR 表示绕线式异步电动机）；112——表示机座中心高度为 112mm；M——表示中机座（S 表示短机座，L 表示长机座）；2——表示 2 极电动机。

2. 电压

电压是指电动机定子绕组应加的线电压的有效值，即电动机的额定电压。丫系列三相异步电动机的额定电压统一为 380V。

有的电动机铭牌上标有两种电压值，如380V/220V，是对应定子绕组采用Y/△两种接法时应加的线电压的有效值。

3. 频率

频率是指电动机所用的交流电源的频率，我国电力系统规定为50Hz。

4. 功率

功率是指在额定电压、额定频率下满载运行时电动机转轴上输出的机械功率，即额定功率，又称为额定容量。

$$P_N = \sqrt{3}\, U_N I_N \eta_N \cos\varphi_N$$

5. 电流

电流是指电动机在额定运行时定子绕组的线电流的有效值，即额定电流。

6. 接法

接法是指电动机在额定电压下，三相定子绕组应采用的联结方法。Y系列三相异步电动机规定额定功率在3kW以下的为Y接法，4kW以上的为△接法。铭牌上标有两种电压、两种电流的电动机，应同时标明Y/△两种接法。

三相异步电动机的外部接线如图2-6所示。

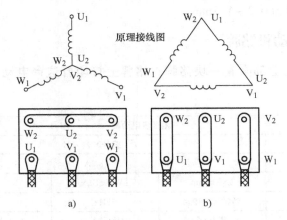

图2-6　笼型异步电动机定子绕组接法
a）星形联结（Y）　b）角形联结（△）

7. 工作方式

电动机的定额工作制指电动机按铭牌值工作时可以持续运行的时间和顺序。电动机定额分连续定额、短时定额和断续定额3种，分别用S_1、S_2和S_3表示。

连续定额（S_1）表示电动机按铭牌值工作时可以长期连续运行。

短时定额（S_2）表示电动机按铭牌值工作时只能在规定的时间内短时运行。我国规定的短时运行时间为10min、30min、69min及90min共4种。

断续定额（S_3）表示电动机按铭牌值工作时运行一段时间就要停止一段时间，周而复始地按一定周期重复运行。每一周期为10 min，我国规定的负载持续率为15%、25%、40%及60%共4种，如标明40%则表示电动机工作4min就需要休息6min。

2.1.3 三相异步电动机的工作原理

研究异步电动机基本原理，首先要研究异步电动机的旋转磁场。图 2-7 所示是一个装有手柄的蹄形磁铁、磁极间放有一个可以自由转动的由铜条组成的转子。当摇动磁极时，发现转子跟着磁极一起转动。如果摇动得快，转子转得也快；摇得慢，转得也慢；反着摇，转子马上反转。这是因为当磁场旋转时，其磁感线将切割笼型转子的导体，在导体中会有感应电动势产生，该电动势就会在导体中产生电流，电流在磁场中将受电磁力的作用，产生转矩，驱动笼型转子随磁场的旋转方向而转动，这就是异步电动机的基本原理。

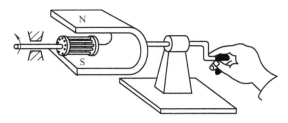

图 2-7　异步电动机原理示意图

实用电动机不能靠磁铁的旋转产生旋转，而是采用三相交流电来产生旋转磁场的，从而实现了从电能向机械能的转换。三相异步电动机是利用定子绕组中三相交流电所产生的旋转磁场与转子绕组内的感应电流相互作用而旋转的。

1. 三相定子绕组的接线

三相定子绕组根据设计要求的不同和实际使用的不同，其接线方式有星形（Y）联结和角形（△）联结，无论哪种联结，三相绕组 $U_1 - U_2$、$V_1 - V_2$、$W_1 - W_2$ 在空间互差 120°，如图 2-8 所示。

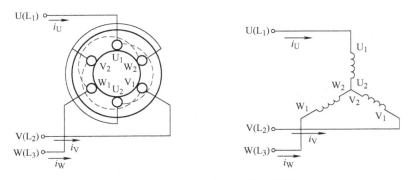

图 2-8　定子三相绕组结构示意图

2. 旋转磁场的产生

当定子绕组的三个首端 U_1、V_1、W_1 分别与三相交流电源 L_1、L_2、L_3 接通时，在定子绕组中便有对称的三相交流电流 i_u、i_v、i_w 流过，各相电流将在定子绕组中分别产生相应的磁场，所形成的合成磁场是一个旋转磁场。观察这合成磁场的分布规律可见：合成磁场的方向按顺时针方向旋转，并旋转了一周。两级定子绕组的旋转磁场如图 2-9（旋转磁场）所示。

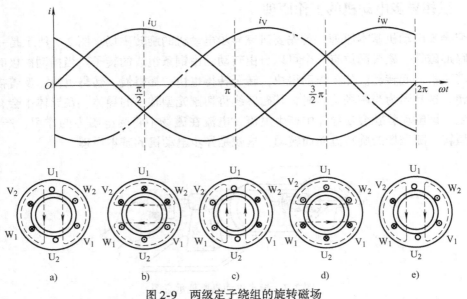

图 2-9 两级定子绕组的旋转磁场

a) $\omega t = 0$　b) $\omega t = \dfrac{\pi}{2}$　c) $\omega t = \pi$　d) $\omega t = \dfrac{3}{2}\pi$　e) $\omega t = 2\pi$

由此可以得出如下结论：在三相异步电动机定子铁心中布置结构完全相同、在空间各相差120°电角度的三相定子绕组，分别向三相定子绕组通入三相交流电，则在定子、转子与空气隙中产生一个沿定子内圆旋转的磁场，该磁场称为旋转磁场。

1）旋转磁场的转速。

旋转磁场的转速又称为同步转速，公式如下

$$n_1 = \frac{60f_1}{p} \tag{2-1}$$

式中，n_1 为旋转磁场转速（r/min）；f_1 为交流电源频率（Hz），在我国，工频 $f_1 = 50$ Hz；p 为电动机定子的磁极对数。

2）旋转磁场的旋转方向。

三相交流电的变化次序（相序）为 L_1 相达到最大值→L_2 相达到最大值→L_3 相达到最大值。将 L_1 相交流电接 U 相绕组，L_2 相交流电接 V 相绕组，L_3 相交流电接 W 相绕组，旋转磁场的旋转方向决定于通入定子绕组中的三相交流电源的相序，且与三相交流电源的相序 $\underline{L_1 \rightarrow L_2 \rightarrow L_3}$ 的方向一致。只要任意调换电动机两相绕组所接交流电源的相序，旋转磁场即反转。

三相异步电动机的旋转方向与旋转磁场的转向一致，因此要改变电动机的转向，只要改变旋转磁场的转向即可。

3）转子的转动。

当向三相定子绕组中通入三相交流电后，按前面的分析可知将在定子、转子及其空气隙内产生一个同步转速为 n_1，在空间按顺时针方向旋转的磁场。该旋转的磁场将切割转子导体，在转子导体中产生感应电动势。由于转子导体自成闭合回路，因此该电动势将在转子导体中形成电流，其电流方向可用右手定则判定。在使用右手定则时必须注意，右手定则的磁场是静止的，导体作切割磁力线的运动，而这里正好相反。为此，可以相对地把磁场看成不动，而导体以与旋转磁场相反的方向（顺时针）切割磁力线，从而可以判定出在该瞬间转子导体中的电流方向如图 2-10 所示，即电流从转子上半部的导体中流入，从转子下半部导体中流出。

有电流流过的转子导体将在旋转磁场中受电磁力 F 的作用，其方向可用左手定则判定，上半部导体受电磁力方向向左，下半部导体受电磁力方向向右，该电磁力在转子轴上形成电磁转矩，使异步电动机以转速 n 旋转，如图 2-10 中的箭头所示。

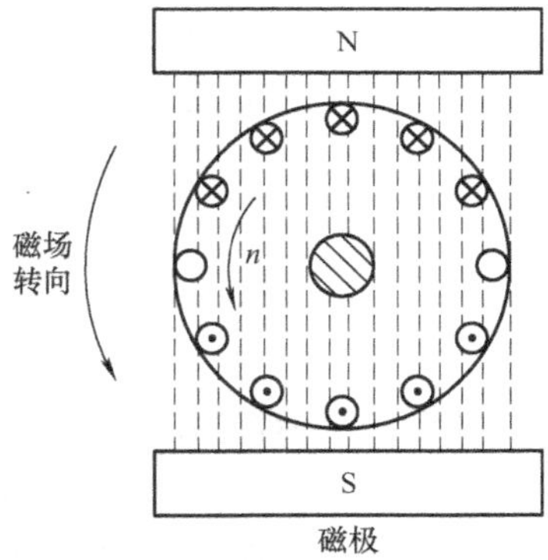

由此可以归纳出三相异步电动机的旋转原理为：在定子三相绕组中通入三相交流电时，在电动机气隙中即形成旋转磁场；转子绕组在旋转磁场的作用下产生感应电流；载有电流的转子导体受电磁力的作用，产生电磁转矩使转子旋转。

图 2-10　三相异步电动机旋转原理

4）转子的转速。

三相交流电在定子中产生的是旋转磁场，习惯上称旋转磁场的转速为同步转速，用 n_1 表示。转子的转向与旋转磁场的方向相同，转子的转速一般要小于磁场的转速，也可以大于磁场的转速，这样才能使转子旋转时，能时时切割磁力线而受到电磁力的作用。否则，转子的转速与旋转磁场的转速相同，转子导条不切割磁力线，也就不能产生感应电动势，因而也就没有感应电流通过，也就不受力的作用，力矩将无法产生，转子也就不能转动了。所以，转子转速必须与磁场的转速不相等（$n < n_1$），才能使电动机转子旋转起来。因此称这种电动机为异步电动机。

5）转差率。

同步转速 n_1 与转子转速 n 之差称为转速差，转速差与同步转速的比值称为转差率，用 s 表示。

$$s = \frac{n_1 - n}{n_1} \tag{2-2}$$

转差率是分析异步电动机运行情况的一个重要参数。

2.2　任务 2　三相异步电动机运行特性

任务描述

掌握三相异步电动机的运行特性和机械特性，了解影响电动机运行特性的因素。

2.2.1　三相异步电动机的三种运行状态

1. 电动机运行状态

当定子绕组接至电源，转子就会在电磁转矩的驱动下旋转，电磁转矩即为驱动转矩，其转向与旋转磁场方向相同，如图 2-11b 所示，此时电动机从电网取得电功率转变成机械功率，由转轴传给负载。电动机的转速范围为 $n_1 > n > 0$，其转差率范围为 $0 < s < 1$。

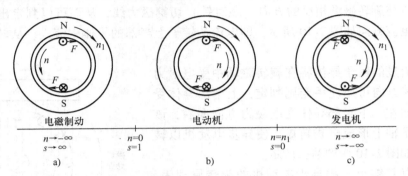

图 2-11　电动机运行的三种状态

2. 发电动机运行状态

异步电动机定子绕组仍接至电源，该电动机的转轴不再接机械负载，而用一台原动机拖动异步电动机的转子以大于同步转速（$n > n_1$），并顺旋转磁场方向旋转，如图 2-11c 所示，显然，此时电磁转矩方向与转子转向相反，起制动作用，为制动转矩。为克服电磁转矩的制动作用而使转子继续旋转，并保持 $n > n_1$，电动机必须不断从原动机吸收机械功率，把机械功率转变为输出的电功率，因此成为发电机运行状态。此时，$n > n_1$，则转差率 $s < 0$。

3. 电磁制动状态

异步电动机定子绕组仍接至电源，如果用外力拖着电动机逆着旋转磁场的旋转方向转动，如图 2-11a 所示，则此时电磁转矩与电动机旋转方向相反，起制动作用。电动机定子仍从电网吸收电功率，同时转子从外力吸收机械功率，这两部分功率都在电动机内部以损耗的方式转化成热能消耗掉。这种运行状态称为电磁制动运行状态，n 为负值（即 $n < 0$），且转差率 $s > 1$。

由此可知，区分这三种运行状态的依据是转差率 s 的大小：当 $0 < s < 1$ 时，为电动机运行状态；当 $-\infty < s < 0$，为发电机运行状态；当 $1 < s < +\infty$ 时，为电磁制动状态。

2.2.2　三相异步电动机的运行原理

1. 旋转磁场对定子绕组的作用

在异步电动机的三相定子绕组内通入三相交流电后，就会有旋转磁场产生，此旋转磁场将在静止不动的定子绕组中产生感应电动势。

旋转磁场以同步转速沿着定子内圆旋转，定子绕组切割旋转磁场所产生感应电动势的大小应为

$$E_1 = 4.44 K_1 f_1 N_1 \Phi_{\mathrm{m}} \tag{2-3}$$

式中，E_1 为气隙磁通在定子每相中的感应电动势；f_1 为定子电源频率；N_1 定子每相绕组匝数；K_1 为绕组系数，Φ_{m} 为每极气隙磁通量。

由于定子绕组本身的阻抗压降比电源电压要小得多，可以近似认为电源电压 U_1 与感应电动势 E_1 相等

$$U_1 \approx E_1 = 4.44 K_1 f_1 N_1 \Phi_m \tag{2-4}$$

通过上式可知,当外加电源电压 U_1 不变时,定子绕组中的主磁通 Φ_m 也基本不变。

2. 旋转磁场对转子绕组的作用

1)转子频率。

因为旋转磁场和转子间的相对转速为 $n_1 - n$,所以转子频率为

$$f_2 = P(n_1 - n)/60 = s f_1 \tag{2-5}$$

可见转子频率 f_2 与转差率 s 有关,也就是与转速 n 有关。

在 $n = 0$,$s = 1$ 电动机起动时,转子与旋转磁场间的相对转速最大,转子导条被旋转磁通切割得最快,所以这时的 f_2 最大,$f_2 = f_1$。

2)转子绕组感应电动势。

$$E_2 = 4.44 K_2 N_2 f_2 \Phi_m = 4.44 K_2 N_2 s f_1 \Phi_m \tag{2-6}$$

2.2.3 三相异步电动机的功率和转矩运行参数

1. 功率和转矩

任何机械在实现能量转换的过程中总有损耗存在,三相异步电动机也不例外,因此三相异步电动机轴上输出的机械功率 P_2 总是小于其从电网输入的电功率 P_1,异步电动机在运行中的功率损耗有:

1)电流在定子绕组中的铜损耗 P_{Cu1} 及转子绕组中的铜损耗 P_{Cu2};

2)交变磁通在电动机定子铁心中产生的磁滞损耗及涡流损耗,通称为铁损耗 P_{Fe};

3)机械损耗 P_t,包括电动机在运行中的机械摩擦损耗、风阻及其他附加损耗。

输入的功率 P_1 中有一小部分供给定子铜损耗 P_{Cu1},和定子铁损耗 P_{Fe} 后,余下的大部分功率通过旋转磁场的电磁作用经过空气隙传递给转子,这部分功率称为电磁功率 P。电磁功率扣除转子铜损耗 P_{Cu2} 和机械损耗 P_t 后即为输出功率 P_2,电动机的功率平衡方程式为

$$P_2 = P - P_{Cu2} - P_t = P_1 - P_{Cu1} - P_{Fe} - P_{Cu2} - P_t = P_1 - \sum P$$

式中,$\sum P$ 为功率损耗。

电动机的效率 η 等于输出功率 P_2 与输入功率 P_1 之比,即

$$\eta = \frac{P_2}{P_1} \times 100\% \tag{2-7}$$

【例 2-1】 Y2 - 132S - 4 三相异步电动机输出功率 $P_2 = 5.5 \mathrm{kW}$,电压 $U_1 = 380 \mathrm{V}$,电流 $I = 11.7 \mathrm{A}$,电动机功率因数 $\cos\varphi_1 = 0.83$,求输入功率 P_1 及输出功率与输入功率之比 η。

解:由三相交流电路的功率因数可知

$$P_1 = \sqrt{3} U_1 I_1 \cos\varphi_1 = \sqrt{3} \times 380 \times 11.7 \times 0.83 \mathrm{W} = 6391 \mathrm{W} = 6.931 \mathrm{kW}$$

$$\eta = \frac{P_2}{P_1} \times 100\% = \frac{5.5}{6.931} \times 100\% = 86\%$$

2. 功率与转矩的关系

由力学知识可知:旋转体的机械功率等于作用在旋转体上的转矩 T 与其机械角速度 Ω 的乘积,即 $P_2 = T\Omega$,输出转矩的大小为:

$$T_2 = \frac{P_2}{\Omega} = \frac{P_2 \times 60}{2\pi n} = \frac{1000 \times 60 \times P_2}{2\pi n} = 9550 \frac{P_2}{n} \tag{2-8}$$

当电动机在额定状态下运行时：

$$T_N = 9550 \frac{P_N}{n_N} \tag{2-9}$$

式中的 T_N、P_N、n_N 分别为额定输出转矩（N·m）、额定输出功率（kW）及额定转速（r/min）。

2.2.4　三相异步电动机的机械特性

1. 转矩特性

三相异步电动机的转矩特性就是指转速 n 与电磁转矩 T_{em} 之间的关系。对用来拖动其他机械的电动机而言，在使用中读者最关心的是电动机输出的转矩大小、转速高低以及转矩与转速之间的相互关系等问题。由于三相异步电动机的转矩由载流导体在磁场中受电磁力的作用而产生，因此转矩的大小与旋转磁场的磁通 Φ_m、转子导体中的电流 I_2 及转子功率因数 $\cos\varphi_2$ 有关，即 $T = C_m \Phi_m I_2 \cos\varphi_2$，式中，$C_m$ 为电动机的转矩常数。

2. 机械特性

机械特性是指电动机在一定运行条件下，电动机的转速与转矩之间的关系，即 $n = f(T)$ 曲线，因为异步电动机的转速 n 与转差率 s 之间存在一定的关系，异步电动机的转矩特性 $T = f(s)$，如图 2-12 所示，用 $n = f(T)$ 表示就是机械特性曲线。机械特性分为固有机械特性和人为机械特性两种。

（1）固有机械特性

三相异步电动机的机械特性曲线如图 2-13 所示，图中 A、B、C、D 点分别为电动机的同步点、额定运行点、临界点和起动点。由图可见电动机在 D 点起动后，随着转速的上升转矩随之上升，在达到转矩的最大值后（C 点），进入 AC 段的工作区域。

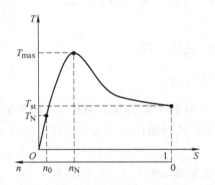

图 2-12　三相异步电动机的 $T = f(s)$ 曲线

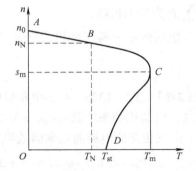

图 2-13　三相异步电动机机械特性曲线

用机械特性曲线来分析三相异步电动机的运行性能：

1）曲线的 AC 段在这一段的曲线近似于线性，随着异步电动机的转矩增加而转速略有下降，从同步点 $A(n = n_0, s = 0, T = 0)$ 到满载的 B 点（额定运行点），转速仅下降 2% ~ 6%，可见三相异步电动机在 AC 段的工作区域有较"硬"的机械特性。

2）额定运行状态在 B 点，电动机工作在额定运行状态，在额定电压、额定电流下产生额定的电磁转矩，以拖动额定的负载，此时对应的转速、转差率均为额定值（额定值均用下标"N"表示）。电动机工作时应尽量接近额定状态运行，以使电动机有较高的效率和功率因数。

3）临界状态 C 点被称为"临界点"，在该点产生的转矩为最大转矩 T_{m}，它是电动机运行的临界转矩，因为一旦负载转矩大于 T_{m}，电动机因无法拖动而使转速下降，工作点进入曲线的 CD 段。在 CD 段随着转速的下降转矩继续减小，使转速很快下降至零，电动机出现堵转。C 点为曲线 AC 段与 CD 段交界点，所以称为"临界点"，该点对应的转差率均为临界值。电动机产生的最大转矩 T_{m} 与额定转矩 T_{N} 之比称为电动机的过载能力 λ，即

$$\lambda = \frac{T_{\mathrm{m}}}{T_{\mathrm{N}}} \tag{2-10}$$

4）起动状态 D 点称为"起动点"。在电动机起动瞬间，$n=0$，$s=1$，电动机轴上产生的转矩称为起动转矩 T_{st}（又称为"堵转转矩"）。起动转矩 T_{st} 是衡量电动机起动性能好坏的重要指标，通常用起动转矩倍数 λ_{st} 表示。

$$\lambda_{\mathrm{st}} = \frac{T_{\mathrm{st}}}{T_{\mathrm{N}}} \tag{2-11}$$

（2）人为机械特性

人为机械特性就是人为地改变电源参数或电动机参数而得到的机械特性，三相异步电动机人为机械特性主要有两种。

1）降低定子绕组电压的人为机械特性。

在电磁转矩的参数表达式中，保持其他参数都不变，只改变定子电压大小，由于异步电动机的磁路在额定电压下工作接近于饱和，不宜再升高电压，所以只能降低定子绕组电压。

当定子电压 U_1 降低时，电磁转矩与 U_1^2 成比例降低，T_{st}、T_{m} 都与电压的平方成正比，同步点不变，s_{m} 也不变，如图 2-14 所示。

2）转子串联电阻时的人为机械特性。

转子串电阻方法适用于绕线式异步电动机，在转子回路串入对称三相电阻时，同步点不变，s_{m} 与转子电阻成正比，T_{m} 与转子电阻无关而不变，如图 2-15 所示。

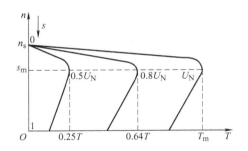

图 2-14　降低定子绕组电压的人为机械特性曲线

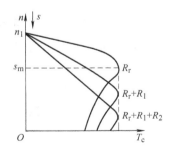

图 2-15　转子串电阻机械特性曲线

【例 2-2】 已知 Y2-132S-4 三相异步电动机的额定功率 $P_{\mathrm{N}} = 5.5\mathrm{kW}$，额定转速 $n_{\mathrm{N}} = 1450\mathrm{r/min}$，$\dfrac{T_{\mathrm{st}}}{T_{\mathrm{N}}} = 2.3$。求：1）在额定电压下起动时的起动转矩 T_{st}；2）若电动机轴上所带的负载阻力矩 T_{L} 为 $60\mathrm{N} \cdot \mathrm{m}$，问当电网电压降为额定电压的 80%，该电动机能否起动？

解：（1）$T_N = 9550 \dfrac{P_N}{n_N} = 9550 \times \dfrac{5.5}{1440} \text{N} \cdot \text{m} = 36.48 \text{N} \cdot \text{m}$

$$T_m = 2.3 \times 36.48 \text{N} \cdot \text{m} = 83.9 \text{N} \cdot \text{m}$$

（2）$\dfrac{T'_{st}}{T_{st}} = \left(\dfrac{0.8 U_1}{U_1}\right)^2 = 0.64$

$$T'_{st} = 0.64 T_{st} = 0.64 \times 83.9 \text{N} \cdot \text{m} = 53.7 \text{N} \cdot \text{m}$$

由于 $T'_{st} < T_L$，故电动机无法起动。

2.3 任务3 三相异步电动机的起动与反转

任务描述

学习三相异步电动机的起动方法及原理与应用，掌握三相异步电动机实现反转的方法。

起动是指电动机通电后转速从零开始逐渐加速到正常运转的过程。由电动机所拖动的各种生产、运输机械及电气设备经常需要进行起动和停止，所以电动机起动、调速和制动性能的好坏对这些机械或设备运行的影响很大。

对三相异步电动机的起动所提出的要求主要有：

1）电动机应有足够大的起动转矩；

2）在保证足够的起动转矩的前提下，电动机的起动电流应尽量小；

3）起动所需的控制设备应尽量简单，力求价格低廉，操作及维护方便；

4）起动过程中的能量损耗应尽量小。

三相笼型异步电动机的起动动方式有两类，即在额定电压下的直接起动和降低起动电压的减压起动，它们各有优缺点，可视具体情况正确选用。

2.3.1 三相笼型异步电动机的起动

1. 三相笼型异步电动机的直接起动

直接起动是将三相异步电动机定子绕组直接接到额定电压的电源上，故又称为全压起动。

1）电动机起动在电网上引起的电压降不超过 10%~15% 时，允许直接起动。

2）在工程实践中，直接起动可按下列公式核定：

$$\frac{I_{st}}{I_N} \leqslant \frac{3}{4} + \frac{P_H}{4P_N} \tag{2-12}$$

式中，I_{st} 为电动机的起动电流；I_N 为电动机的额定电流；P_N 为电动机的额定功率（kW）；P_H 为电源的总容量（kV·A）。

最简单的直接起动控制电路可用三相刀开关和熔断器将三相异步电动机直接接入交流电网，直接起动的优点是所需设备简单、起动时间短，缺点是对电动机及电网有一定的冲击。

2. 三相笼型异步电动机的减压起动

1）定子串电阻或电抗减压起动。

如图 2-16 所示，电动机起动时在定子绕组中串电阻降压，起动结束后再用开关 S 将电阻短路，全压运行。

这种起动方法具有起动平稳、运行可靠，设备简单的优点，但起动转矩随电压的平方降低，只适合空载或轻载起动。同时起动时电能损耗较大，对于大容量电动机往往采用串电抗减压起动。

2）自耦变压器减压起动。

自耦变压器用作电动机减压起动时，就称为起动补偿器。起动时，自耦变压器的高压侧接电网，低压侧接电动机定子绕组。起动结束，切除自耦变压器，电动机定子绕组直接接至额定电压运行，如图 2-17 所示。

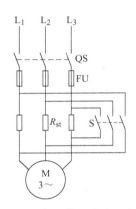

图 2-16　定子绕组串电阻起动

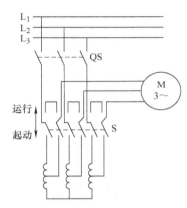

图 2-17　自耦变压器减压起动

自耦变压器减压起动的最主要特点就是在相同的起动电流下，电动机的起动转矩相应较高。起动时，先合上开关 QS，再将补偿器控制手柄（即开关 S）投向起动位置，这时经过自耦变压器减压后的交流电压加到电动机三相定子绕组上，电动机开始减压起动，待电动机转速升高到一定值后，再把 S 投向运行位置，电动机就在全压下正常运行。此时自耦变压器已从电网上被切除。

3）星形-三角形减压起动。

这种起动方法只适用于定子绕组在正常工作时为三角形联结的三相异步电动机。起动时，定子绕组接成星形联结，待电动机转速升高后，再改接成三角形联结，图 2-18 使电动机在额定电压下正常运转。这样，在起动时就把定子每相绕组上的电压降到正常工作电压的 $1/\sqrt{3}$。

图 2-19 所示为星形联结绕组和三角形联结绕组接法。

设起动时接成星形定子绕组的线电压为 U_s，该电压为电网电压，则相电压为 $U_\text{s}/\sqrt{3}$，这时线电流与相电流相等，则星形起动电流为

$$I_\text{stY} = \frac{U_\text{s}}{\sqrt{3}\,Z_\text{s}} \tag{2-13}$$

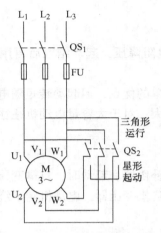

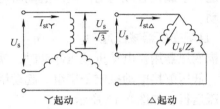

图 2-18　星-三角减压起动电路图　　　　图 2-19　星形和三角形联结绕组接法

三角形联结时每相绕组的相电压与线电压相等，为 U_s，相电流是线电流的 $1/\sqrt{3}$ 倍，三角形联结时起动电流为

$$I_{st\triangle} = \frac{\sqrt{3}\,U_s}{Z_s} \tag{2-14}$$

则星形起动线电流与角形起动线电流的关系为

$$\frac{I_{st\curlyvee}}{I_{st\triangle}} = \frac{1}{3} \tag{2-15}$$

由上式可知，星-角起动时，起动电流是直接起动时起动电流的 1/3，起动转矩又是如何变化的呢？

通过之前的分析可知，转矩的大小和电压的平方成正比，可以得到

$$\frac{T_{st\curlyvee}}{T_{st\triangle}} = \left(\frac{U_s}{\sqrt{3}\,U_s}\right)^2 = \frac{1}{3} \tag{2-16}$$

此外，三相笼型异步电动机的减压起动方式还有软起动器起动、延边三角形起动等方法。

2.3.2　绕线式异步电动机的起动

绕线转子异步电动机与笼型异步电动机的主要区别是绕线式异步电动机的转子采用三相对称绕组，均采用星形联结。绕线式异步电动机在起动时通常采用在转子三相绕组中串入可变电阻，或者用频敏变阻器进行起动。

1. 转子回路串电阻起动

三相笼型异步电动机直接起动时，起动电流大，起动转矩不大。减压起动时，虽然减小了起动电流，但起动转矩也随之减小，因此笼型异步电动机只能用于空载或轻载起动。

绕线转子异步电动机若转子回路串入适当的电阻，则既能限制起动电流，又能增大起动转矩，同时克服了笼型异步电动机起动电流大、起动转矩不大的缺点，这种起动方法适用于大中容量异步电动机重载起动。

为了在整个起动过程中得到较大的加速转矩，并使起动过程比较平滑，应在转子回路中串入多级对称电阻。起动时，随着转速的升高，逐段切除起动电阻，这与直流电动机电枢串电阻起动类似，称为电阻分级起动，如图 2-20 所示。

2. 转子串频敏变阻器起动

绕线转子感应电动势采用转子串接电阻起动时，若想在起动过程中保持有较大的起动转矩且起动平稳，则必须采用较多的起动级数，这必然导致起动设备复杂化。而且在每切除一段电阻的瞬间，起动电流和起动转矩会突然增大，造成电气和机械冲击。为了克服这个缺点，可采用转子电路串频敏变阻器起动，如图 2-21 所示。

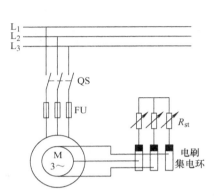
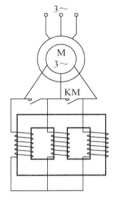

图 2-20　绕线式异步电动机转子串电阻起动原理图　　图 2-21　绕线式异步电动机串频敏变阻器起动

2.3.3　三相异步电动机的反转

由三相异步电动机的工作原理可知：三相异步电动机的转动的方向始终与定子绕组所产生的旋转磁场方向相同，而旋转磁场方向与通入定子绕组的电流相序有关，故要改变异步电动机的转动方法为改变通入定子绕组的电流相序。

2.4　任务 4　三相异步电动机的调速

任务描述

了解三相异步电动机的调速方法、调速原理及应用。

三相异步电动机的调速是指在负载不变的情况下，通过改变电动机的运行参数来改变电动机的转速，通过分析异步电动机的转速公式，可以得出，异步电动机的转速与转差率 s、电源频率 f_1、磁极对数 p 有关。

$$n = n_1(1-s) = \frac{60f_1}{p}(1-s) \tag{2-17}$$

2.4.1　变极调速

三相异步电动机定子绕组所形成的磁极对数取决于定子绕组中电流的方向，只要改变定子绕组的接线方式，就能改变磁极对数，如图 2-22a 和图 2-22b 所示。

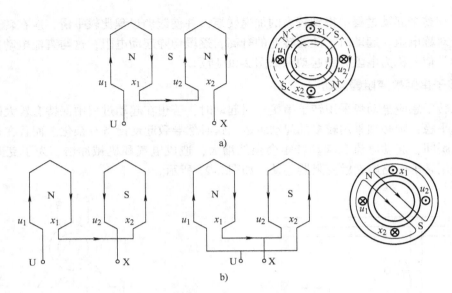

图 2-22　变级调速原理

a) $2p=4$　b) $2p=2$

多极电动机定子绕组联绕方式常用的有两种：一种是从星形改成双星形，写作 Y/YY，如图 2-23 所示；另一种是从三角形改成双星形，写作 △/YY，如图 2-24 所示，这两种接法可使电动机极数减少一半。在改接绕组时，为了使电动机转向不变，应把绕组的相序改接一下。

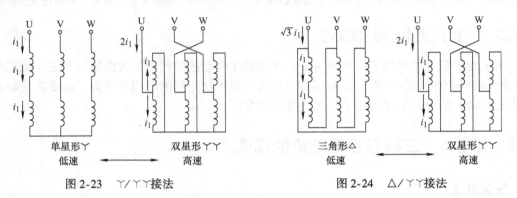

图 2-23　Y/YY接法　　　　　　　图 2-24　△/YY接法

2.4.2　变频调速

变频调速是利用电动机的同步转速随频率变化的特性，通过改变电动机的供电频率进行调速的方法。在异步电动机诸多的调速方法中，变频调速的性能最好，调速范围广，效率高，稳定性好。

1. 变频调速原理

改变异步电动机定子绕组供电电源的频率 f_1，可以改变同步转速 n_1，从而改变转速 n。如果频率 f_1 连续可调，则可平滑的调节转速，此为变频调速原理。

三相异步电动机运行时，忽略定子阻抗压降时，定子每相电压为

$$U_1 \approx E_1 = 4.44K_1 f_1 N_1 \Phi_m \tag{2-18}$$

式中，E_1 为气隙磁通在定子每相中的感应电动势；f_1 为定子电源频率；N_1 定子每相绕组匝数；K_1 为绕组系数，Φ_m 为每极气隙磁通量。

如果改变频率 f_1，且保持定子电源电压 U_1 不变，则气隙每极磁通 Φ_m 将增大，会引起电动机铁心磁路饱和，从而导致过大的励磁电流，严重时会因绕组过热而损坏电动机，这是不允许的。因此，降低电源频率 f_1 时，必须同时降低电源电压，已达到控制磁通 Φ_m 的目的，或者保持电动机的过载能力不变。

电动机的额定频率 f_N 为基准频率，简称为基频，在实际生产中，变频调速时电压随频率的调节规律是以基频为分界线的，分为下面两种情况。

1）从基频以下调速。

在基频以下变频调速时，若保持 $\dfrac{U_1}{f_1}$ = 常数，即恒转矩调速，与频率无关，并且最大转矩对应的转速降落相等，也就是不同频率的各条机械特性是平行的，硬度相同。画出保持恒磁通变频调速的机械特性。这种调速方法机械特性较硬，在一定的静差率要求下，调速范围宽，而且稳定性好。由于频率可以连续调节，因此变频调速为无级调速，平滑性好。另外，电动机在正常负载运行时，转差率 s 较小，因此转差功率较小，效率较高。经分析，恒磁通变频调速是属于为恒转矩调速方式。

2）从基频以上调速。

在基频以上变频调速时，由于升高电源电压是不允许的，只能保持电压为 U_1 不变，频率 f_1 越高，磁通 Φ_m 越低，是一种降低磁通升速的方法，这相当于他励电动机弱磁调速。

综上所述，三相异步电动机变频调速具有以下几个特点：

① 从基频向下调速，为恒转矩调速方式；从基频向上调速，近似为恒功率调速方式。

② 调速范围大。

③ 转速稳定性好。

④ 运行时小，效率高。

⑤ 频率可以连续调节，变频调速为无级调速。

2. 变频装置简介

变频装置可分为间接变频装置和直接变频装置两类。间接变频装置是先将工频交流电通过整流器变成直流，然后再经过逆变器将直流变成为可控频率的交流。通常称为交-直-交变频装置。直接变频装置是将工频交流一次变换成可控频率的交流，没有中间直流环节，也称为交-交变频装置。目前应用较多的是间接变频装置。

关于交流低压变频器的几点补充说明：

1）变频器的输出电压不是正弦波形，而是脉冲（PWM）波形。此三相 PWM 脉冲波形的电压，连接至三相异步电动机，可以在电动机三相绕组中产生近乎正弦波的三相电流，使电动机旋转。

2）由于上述的原因，用于驱动三相异步电动机的变频器不可以作为正弦波变频电源，用于检验多种表计，如：频率表。由于同样的原因，普通变频器的输出端不可以连接电容性负载，或单项交流电动机、三相/单相变压器。

3）负载为风机/水泵类的三相异步电动机采用变频器驱动技术之后，可以大大减少电能损耗，最佳可达30%，是国家重点推广的节能技术。

4）变频器另外一个主要的用途是用于三相异步电动机的起动控制。采用变频器起动技术可以大大减少起动电流，而且其起动过程中产生的高次谐波干扰远远低于晶闸管起动器（软起动器）。

5）变频器的输入一般采用三相交流电。但是有一些小功率（<5kW）的变频器也可以采用单相交流 220V 电源输入，此时其输出所连接的三相异步电动机额定电压应为三相交流 220V，电动机绕组一般为三角形联结。

2.4.3 变转差率调速

1. 改变定子电压调速

变压调速是异步电动机调速系统中比较简便的一种。此法用于笼型异步电动机，靠改变转差率 s 调速。对于转子电阻大、机械特性曲线较软的笼型异步电动机而言，如加在定子绕组上的电压发生改变，则负载 T_L 对应于不同的电源电压 U_1、U_2、U_3，可获得不同的工作点 a_1、a_2、a_3，如图 2-25 所示。从而改变电动机在一定输出转矩下的转速。调压调速目前主要采用晶闸管交流调压器变压调速，是通过调整晶闸管的触发角来改变异步电动机端电压进行调速的一种方式。这种调速方式调速过程中的转差功率损耗在转子里或其外接电阻上效率较低，仅用于小容量电动机。

2. 转子串电阻调速

转子串电阻调速是在绕线转子异步电动机转子外电路上接入可变电阻，通过对可变电阻的调节，改变电动机机械特性斜率来实现调速的一种方式。如图 2-26 所示，电动机转速可以按阶跃方式变化，即有级调速。其结构简单，价格便宜，但转差功率损耗在电阻上，效率随转差率增加等比下降。

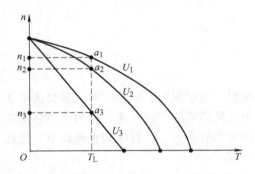

图 2-25 高转子电阻笼型异步电动机调压调速

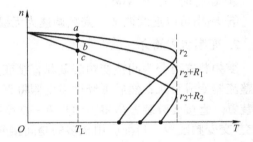

图 2-26 绕线式异步电动机转子串电阻调速

2.5 任务 5 三相异步电动机的制动

任务描述

了解三相异步电动机的制动方法、制动原理及应用。

电动机除了电动状态外，在下述情况运行时，则属于电动机的制动状态。

1）在负载转矩为位能转矩的机械设备中（例如起重机下放重物时或运输工具在下坡运

行时等）使设备保持一定的运行速度。

2）在机械设备需要减速或停止时，电动机能实现减速和停止。

根据制动转矩的产生方法类型不同，分为机械制动和电气制动。机械制动主要是靠摩擦力产生制动转矩，例如电磁抱闸制动，它主要用于起重机械上吊重物时，使重物迅速而又准确地停留在某一位置上。电气制动是使异步电动机所产生的电磁转矩和电动机的旋转方向相反，三相异步电动机的电气制动有能耗制动、反接制动和回馈制动。

2.5.1 三相异步电动机的机械制动

电磁抱闸是机械制动中最常用的装置，它主要包括制动电磁铁和闸瓦制动器两个部分。制动电磁铁包括铁心、电磁线圈和衔铁，闸瓦制动器则包括闸轮、闸瓦、杠杆和弹簧等，如图 2-27 所示。

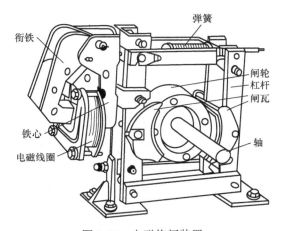

图 2-27　电磁抱闸装置

电磁抱闸的基本原理是：制动电磁铁的电磁线圈与三相异步电动机的定子绕组并联，闸瓦制动器的转轴与电动机的转轴相连。当电动机通电运行时，电磁抱闸的线圈也通电，产生电磁力吸引衔铁，克服了弹簧拉力，迫使杠杆将闸瓦和闸轮分开，使电动机的转轴可自由转动。一旦电动机的电源被切断，电磁抱闸的线圈也与电动机同时断电，电磁吸力消失，衔铁被释放，在弹簧拉力的作用下，闸瓦紧紧地抱住闸轮，这样电动机被迅速制动而停转。

电磁抱闸制动装置在起重机械（如桥式起重机、提升机和电梯等）中被广泛采用，这种制动方法不但可以准确定位，而且在电动机突然断电时，可以避免重物自行坠落而造成事故。

2.5.2 三相异步电动机的电气制动

1. 能耗制动

方法：将运行着的异步电动机的定子绕组从三相交流电源上断开后，立即接到直流电源上，如图 2-28 所示，当定子绕组通入直流电源时，在电动机中将产生一个恒定磁场。转子因机械惯性继续旋转时，转子导体切割恒定磁场，在转子绕组中产生感应电动势和电流，转子电流和恒定磁场作用产生电磁转矩，根据右手定则可以判电磁转矩的方向与转子转动的方向相反，为制动转矩。在制动转矩作用下，转子转速迅速下降，当 $n=0$ 时，$T=0$，制动过程结束。这种方法是将转子的动能转变为电能，消耗在转子回路的电阻上，所以称为能耗制动。

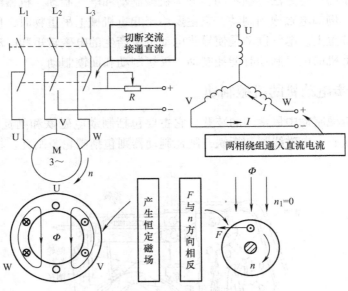

图 2-28　能耗制动原理图

对于采用能耗制动的异步电动机，既要求有较大的制动转矩，又要求定子、转子回路的电流不能太大而使绕组过热。

能耗制动的优点是制动能力强，制动过程平稳。缺点是需要一套专门供制动使用的直流电源。

2. 电源反接制动

当异步电动机转子的旋转方向与定子旋转磁场的方向相反时，电动机便处于反接制动状态。在电动状态下突然将电源两相反接，使定子旋转磁场的方向由原来的顺转子转向改为逆转子转向，这种情况下的制动称为电源两相反接的反接制动。

方法：改变电动机定子绕组与电源的相序，如图 2-29 所示。

反接制动前，电动机处于正向电动状态，以转速逆时针旋转。电动机停机后因机械惯性仍继续旋转，电源反接制动时，把定子绕组的两相电源进线对调，同时在定子电路串入制动电阻（限流电阻）R，使电动机气隙旋转磁场方向反转，这时的电磁转矩方向与电动机惯性转矩方向相反，成为制动转矩，使电动机转速迅速下降。采用反接制动必须注意：当电动机转速接近零值时应及时切断电源，否则电动机就会反向起动而达不到制动的目的。

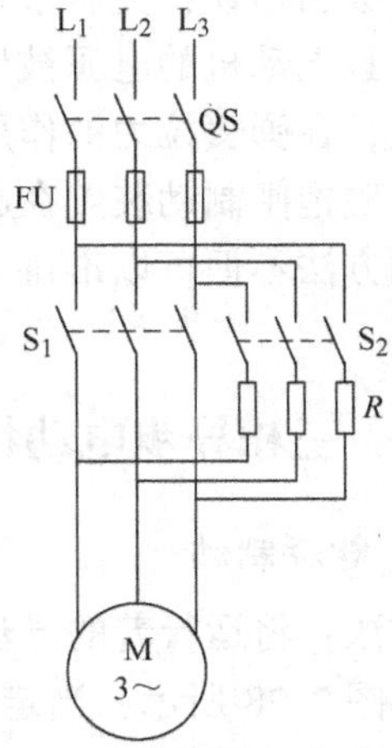

反接制动简单易行，制动转矩大，效果好。存在的问题是，在开始制动的瞬间，转差率 $s>1$。

图 2-29　笼型异步电动机电源反接制动原理图

3. 回馈制动

方法：使电动机在外力（如起重机下放重物）作用下，其电动机的转速超过旋转磁场的同步转速，如图2-30a所示。起动机下放重物，在下放开始时，$n < n_1$，电动机处于电动状态，在位能转矩作用下，电动机的转速大于同步转速时，转子中感应电动势、电流和转矩的方向都发生了变化，如图2-30b所示，转矩方向与转子转向相反，成制动转矩。此时电动机将机械能转变为电能馈送电网，所以称为回馈制动。

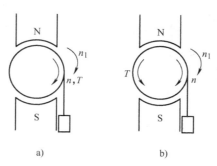

图 2-30　异步电动机的回馈制动

a）$n < n_1$，电动运行　b）$n > n_1$，回馈制动运行

在生产实践中，出现异步电动机转速超过旋转磁场同步转速的情况一般有以下两种：一种是出现在位能负载下放时，例如起重机下放重物时或电动机车车辆下坡运行时，此时重物作用于电动机上的外加转矩与电动机的电磁转矩方向相同，使电动机转速很快即超过旋转磁场的同步转速 n_1；另一种出现在电动机变极调速（或变频调速）的过程中，例如三相变极多速异步电动机当 $2p = 2$ 时，电动机转速约 2900r/min 左右，当磁极数变为 $2p = 4$ 时，旋转磁场同步转速降为 1500r/min，就出现了电动机转速大于旋转磁场同步转速的情况。

回馈制动可向电网回输电能，所以经济性能好，但只有在特定的状态（$n > n_1$）时才能实现制动，而且只能限制电动机转速，不能制停。

2.6　任务6　单相异步电动机的认识

任务描述

掌握单相异步电动机的基本结构和工作原理；掌握单相异步电动机的分类；了解单相异步电动机的反转和调速；掌握单相异步电动机的常见故障及检修。

单相电动机使用单相电源供电，可以直接使用一般的电源，具有结构简单、制造方便、成本低廉、运行可靠、检修方便、噪声小等一系列优点，被广泛应用在日常生活中，作为小功率驱动电动机使用。家用电器中的驱动电动机，绝大多数是单相电动机，尤其是单相异步电动机的应用更为广泛。

2.6.1　单相异步电动机的基本结构

单相异步电动机的基本结构和三相异步电动机相仿，一般也由定子和转子两大部分组成，如图2-31所示。

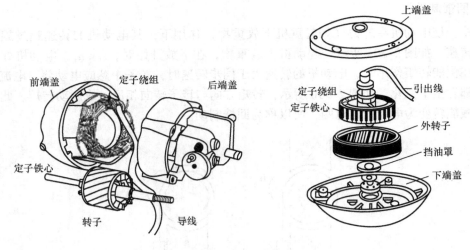

图 2-31　单相异步电动机结构图

1. 定子

定子部分由定子铁心、定子绕组、机座和端盖等部分组成，其主要作用是通入交流电，产生旋转磁场。

1）定子铁心。

定子铁心大多用 0.35mm 硅钢片冲槽后叠压而成，槽形一般为半闭口槽，槽内嵌放定子绕组。定子铁心的作用是作为磁通的通路。

2）定子绕组。

单相异步电动机定子绕组一般都采用两相绕组的形式，即工作绕组（又称为主绕组）和起动绕组（又称为辅助绕组）。工作绕组、起动绕组的轴线在空间相差 90° 电角度，两相绕组的槽数和绕组匝数可以相同，也可以不同，视不同种类的电动机而定。定子绕组的作用是通入交流电，在定、转子及空气隙中形成旋转磁场。

定子绕组一般均由高强度聚酯漆包铜线事先在绕线模上绕好后，再嵌放在定子铁心槽内，并需进行浸漆、烘干等绝缘处理。

3）机座与端盖。

机座一般均用铸铁、铸铝或钢板制成，其作用是固定定子铁心，并借助两端端盖与转子连成一个整体，使转轴上输出机械能。

由于单相异步电动机的体积、尺寸都较小，且往往与被拖动机械组成一体，因而其机械部分的结构有时可与三相异步电动机有较大的区别。例如有的单相异步电动机不用机座，而直接将定子铁心固定在前、后端盖中间，如电容运行台扇电动机；也有的采用立式结构，且采用转子在外圆、定子在内圆的外转子结构形式，如电容运行吊扇电动机。

2. 转子

转子部分由转子铁心、转子绕组、转轴等组成，其作用是转子导体切割旋转磁场，产生电磁转矩，拖动机械负载工作。

1）转子铁心。

转子铁心与定子铁心一样用0.35mm硅钢片冲槽后叠压而成，槽内置放转子绕组，最后将铁心及绕组整体压入转轴。

2）转子绕组。

单相异步电动机的转子绕组均采用笼型结构，一般均采用铝或铝合金压力铸造。

3）转轴。

转轴用碳钢或合金钢加工而成，轴上压装转子铁心，两端压上轴承，常用的有滚动轴承和含油滑动轴承。

2.6.2 单相异步电动机工作原理

1. 单相绕组的脉动磁场

首先来分析在单相定子绕组中通入单相交流电后产生磁场的情况。

假设在单相交流电的正半周，电流从单相定子绕组的左半侧流入，从右半侧流出，则由电流产生的磁场如图2-32所示，该磁场的大小随电流的大小变化，方向则保持不变。当电流过零时，磁场也为零。当电流变为负半周时，则产生的磁场方向也随之发生变化，如图2-33所示。由此可见向单相异步电动机定子绕组通入单相交流电后，产生的磁场大小及方向不断变化，但磁场的轴线（图中纵轴）却固定不变，把这种磁场称为脉动磁场。

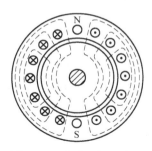   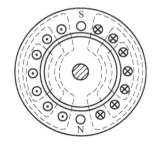

图2-32 脉动磁场正半周   图2-33 脉动磁场负半周

由于磁场只是脉动而不旋转，因此单相异步电动机的转子如果原来静止不动，则在脉动磁场作用下，转子导体因与磁场之间没有相对运动而不产生感应电动势和感应电流，也就不存在电磁力的作用，因此转子仍然静止不动，即单相异步电动机没有起动转矩，不能自行起动。这是单相异步电动机的一个主要缺点。如果用外力拨动电动机的转子，则转子导体就切割定子脉动磁场，从而有感应电动势和感应电流产生，并将在磁场中受到电磁力的作用，与三相异步电动机转动的原理一样，转子将顺着拨动的方向转动起来。因此要使单相异步电动机具有实际使用价值，就必须解决电动机的起动问题。

2. 两相绕组的旋转磁场

如图2-34所示，在单相异步电动机定子上放置在空间相差90°的两相定子绕组 U_1U_2 和 Z_1Z_2，向这两相定子绕组中通入相位差约90°电角度的两相交流电流 i_1 和 i_2，与分析旋转磁场产生的相同方法进行分析，可知此时产生的也是旋转磁场。

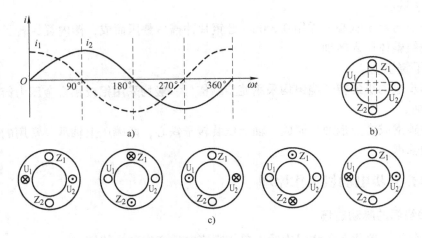

图 2-34 两相绕组产生的旋转磁场

由此可以得出结论：向在空间相差 90° 电角度的两相定子绕组中通入相位差为 90° 的电流，则在定子和转子的气隙中产生旋转磁场。

由上面的分析可见：要解决单相异步电动机的起动问题，实质上就是解决气隙中旋转磁场的产生问题。

2.6.3 单相异步电动机的分类

根据起动方法的不同，单相异步电动机一般可分为电容分相式、电阻分相式和罩极式。

1. 电容分相单相电动机

电容分相单相异步电动机的原理电路如图 2-35 所示。在电动机定子铁心上嵌放有两套绕组，即工作绕组 $U_1 U_2$（又称为主绕组）和起动绕组 $Z_1 Z_2$（又称为副绕组）。它们的结构相同或基本相同，但空间的布置位置互差 90° 电角度。在起动绕组中串入电容 C 后再与工作绕组并联在单相交流电源上，适当选择电容 C 的容量，使流过工作绕组中的电流 i_1 与流过起动绕组中的电流 i_2 相位差约 90° 电角度，就满足了图 2-35 所示旋转磁场产生的条件，在定子、转子及气隙间产生一个旋转磁场。单相异步电动机笼型转子在该旋转磁场的作用下获得起动转矩而旋转。

电容分相单相异步电动机可根据起动绕组是否参与正常运行而分成三类，即电容运行单相异步电动机、电容起动单相异步电动机和双电容单相异步电动机。

1）电容运行单相异步电动机。

电容运行单相电动机是指起动绕组及电容始终参与工作的电动机，其电路如图 2-35 所示。

电容运行单相异步电动机结构简单，使用维护方便。电容运行单相异步电动机常用于吊扇、台扇、电冰箱、洗衣机、空调器、通风机、录音机、复印机、电子仪表仪器及医疗器械等各种空载或轻载起动的机械。

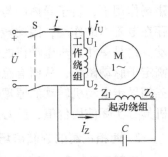

图 2-35 电容分相式

2）电容起动单相异步电动机。

这类电动机的起动绕组和电容只在电动机起动时起作用，当电动机起动即将结束时，将起动绕组和电容器从电路中切除。

起动绕组的切除可以通过在电路中串联离心开关 S 来实现，图 2-36 所示为电容起动单相异步电动机的原理图，如图 2-37 所示则为离心开关结构示意图。该离心开关由旋转部分和静止部分组成，旋转部分安装于电动机转轴上，与电动机一起旋转。而静止部分则安装在端盖或机座上，静止部分由两个相互绝缘的半圆形铜环组成（与机座及端盖也互相绝缘），其中一个半圆形铜环接电源，另一个半圆形铜环接起动绕组。电动机静止时，安装在旋转部分上的三个指形铜触片在拉力弹簧的作用下，分别压在两个半圆形铜环的侧面。由于三个指形铜触片本身是连通的，这样就便起动绕组与电源接通，电动机开始起动。当电动机转速达到一定数值后，安装于旋转部分的指形铜触片由于离心力的作用而向外张开，使铜触片与半圆形铜环分离，即将起动绕组从电源上切除，电动机起动结束，正常运行。

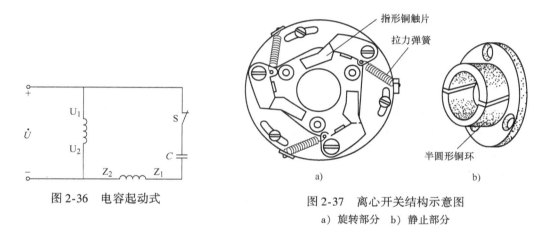

图 2-36　电容起动式

图 2-37　离心开关结构示意图
a）旋转部分　b）静止部分

电容起动单相异步电动机与电容运行单相异步电动机相比较，前者的起动转矩较大，起动电流也相应增大，因此在小型空气压缩机、电冰箱、磨粉机、医疗机械和水泵等满载起动的机械中适用。

3）双电容单相异步电动机。

为了综合电容运行单相异步电动机和电容起动单相异步电动机各自的优点。近来又出现了一种电容起动、电容运行单相异步电动机（简称为双电容单相异步电动机），即在起动绕组上接有两个电容器 C_1 及 C_2，（如图 2-38 所示），其中电容 C_1 仅在起动时接入，电容 C_2

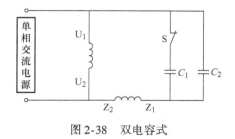

图 2-38　双电容式

则在全过程中均接入。这类电动机主要用于要求起动转矩大，功率因数较高的设备上，如电冰箱、空调器、水泵和小型机车等。

2. 电阻分相单相异步电动机

如果将图 2-35 中的电容器 C 换成电阻器 R 就构成电阻起动单相电动机，如图 2-39 所示。

通常电阻分相单相电动机中的电阻器 R 不是外加电阻，而是设计成起动绕组 Z_1Z_2 的导线直径较细，主绕组的导线直径较粗，则起动绕组的电阻值比主绕组大，使流过起动绕组与工作绕组中的电流有一定的相位差，在定子与转子气隙中产生旋转磁场，使转子获得转矩而转动，这种电动机起动转矩不大，宜于空载起动，一般使用很少。

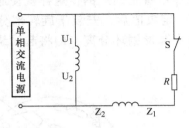

图 2-39　电阻分相式

3. 单相罩极电动机

单相罩极式异步电动机按磁极形式，有凸极式与隐极式两种，其中以凸极式最为常见，如图 2-40 所示。这种电动机定、转子铁心均由 0.5mm 厚的硅钢片叠制而成，转子为笼形结构，定子做成凸极式，励磁绕组均放置在定子铁心内。在磁极极靴的 $1/3 \sim 1/4$ 处开有小槽，槽中嵌有短路铜环，短路环将部分磁极罩起来，所以称罩极电动机。

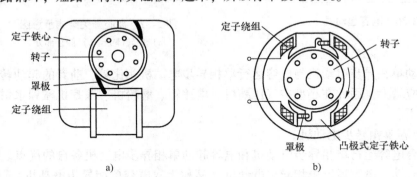

图 2-40　单相罩极式异步电动机结构图
a) 集中励磁　b) 单独励磁

给罩极电动机励磁绕组通入单相交流电时，在励磁绕组与短路环的共同作用下，磁极之间形成一个连续移动的磁场，好似旋转磁场一样，从而使笼型转子受力而旋转。旋转磁场的形成可用图 2-41 来说明。

从图中可看出，罩极电动机磁极的磁通分布在空间是移动的，由磁极的未罩部分向被罩住部分移动，即与旋转磁场一样使笼形结构的转子获得起动转矩而旋转。

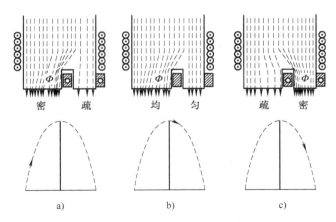

图 2-41　罩极式异步电动机工作原理

a) 电流增加　b) 电流不变　c) 电流减小

罩极电动机的主要优点是结构简单、制造方便、成本低、运行噪声小、维护方便；缺点是起动性能及运行性能较差，效率和功率因数都较低，主要用于小功率空载起动的场合，在台式电扇、仪用电扇、换气扇、录音机、电动工具及办公自动化设备上采用。

2.6.4　单相异步电动机的反转和调速

1. 单相异步电动机的反转

单相异步电动机的转向与旋转磁场的转向相同，因此要使单相异步电动机反转就必须改变旋转磁场的转向，其方法有两种：一种是把工作绕组（或起动绕组）的首端和末端与电源的接法对调；另一种是把电容器从一组绕组中改接到另一组绕组中（此法只适用于电容运行单相异步电动机）。

2. 单相异步电动机的调速

单相异步电动机和工作原理和三相异步电动机工作原理类似，都是靠旋转磁场工作，其调速的方法和三相异步电动机的调速方法类似，其调速方法有：变极调速、变频调速和弱磁调速等方法，下面主要介绍一种常见的串电抗器改变磁通的调速方法。

1）串电抗器调速。

由图 2-42 可知，随着串入电抗的逐渐增大，主绕组中的电流减小，从而使主绕组中的磁通减小，当主磁通降低时，如果维持负载转矩不变，则转差率 s 增大，使得输出转矩和负载转矩平衡，达到了降低转速的目的。这种调速方法多用于电扇调速中。

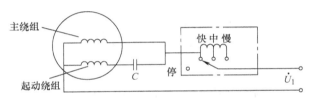

图 2-42　单相电容式异步电动机串电抗器调速原理图

2）晶闸管无极调速。

目前采用晶闸管调压的无极调速越来越多，如图 2-43 所示，整个电路只用了双向晶闸管、双向二极管、带电源开关的电位器、电阻和电容等 5 个元器件，电路结构越简单，调速效果越好。

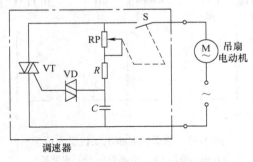

图 2-43　晶闸管无极调速电路图

2.7　任务 7　交流电动机的维护与检修

任务描述

了解交流电动机的选择维护，一般故障的查找和排除。

2.7.1　起动检查及运行维护

1. 起动准备

对新安装或较长时间未使用的电动机，在起动前必须作认真检查，以确定电动机是否可以通电。

1）安装检查。

要求电动机装配灵活、螺栓拧紧、轴承运行无阻，联轴器中心无偏移。

2）绝缘电阻检查。

要求用绝缘电阻表检查电动机的绝缘电阻，包括三相相间绝缘电阻和三相定子绕组对地绝缘电阻。

3）测量各相直流电阻。

4）电源检查。

5）起动、保护措施检查。

要求起动设备接线正确，电动机所配熔丝的型号合适。

6）清理电动机周围异物，准备好后方可合闸起动。

2. 起动监视

1）合闸后，若电动机不转，应迅速、果断拉闸，以避免烧毁电动机。

2）电动机起动后，应实时观察电动机状态，若有异常情况，应立即停机，待查明故障并排除后，才能重新合闸起动。

3）笼型电动机采用全压起动时，次数不定，过于频繁，对于功率过大的电动机要随时注意电动机的温升。

4）绕线转子电动机起动前，应注意检查起动电阻，必须保证接入。接通电源后，随着起动，电动机转速增加，应逐步切除各级起动电阻。

5）当多台电动机由同一台变压器供电时，尽量不要同时起动，在必须首先满足工艺起动顺序要求的情况下，最好是从大到小逐台起动。

3. 运行监视

发生以下严重故障时，应立即停车处理：

1）人员触电事故。

2）电动机冒烟。

3）电动机剧烈振动。

4）电动机轴承剧烈发热。

5）电动机转速迅速下降，温度迅速升高。

2.7.2 三相异步电动机的定期检修

1. 异步电动机拆卸

进行定子绕组的故障检修和修理，必须将电动机局部拆卸，或整机解体，对于一般异步电动机拆卸大体可按以下步骤进行：

1）卸下前轴承外盖。

2）卸下前端盖。

3）卸下风罩。

4）卸下外风扇。

5）卸下后轴承处盖。

6）卸下后端盖。

7）抽出转子，对于大中型电动机抽转子时应由两人操作，不应划伤定子，特别注意不应损伤定子绕组端子，应由两人将转子稍抬起，平稳地将转子抽出。

8）卸下轴承及轴承内盖。

2. 定期大修的主要内容

1）检查电动机各部件有无机械损伤，按损伤程度作出相应的修理方案。

2）对拆开的电动机和起动设备进行清理，清除所有的油泥、污垢，清理过程中应注意观察绕组的绝缘状况。

3）拆下轴承，浸在柴油或汽油中清洗一遍，清洗后的轴承应转动灵活，不松动，根据检查结果，对油脂或轴承进行更换，并消除故障原因。轴承新安装时，加油应从一侧加入。

4）检查定、转子有无变形和磨损，若观察到有磨损处和发亮点，说明可能存在定转子铁心磨损，应使用锉刀或刮刀把亮点刮掉。

5）用绝缘电阻表测定子绕组有无短路与绝缘损坏，根据故障程度作相应处理。

6）对各项检查修复后，对电动机进行装配。

7）装配完毕的电动机，应进行必要的测试，各项指标符合要求后，就可起动试运行观察。

8）各项运行记录都表明达到技术要求后，方可带负载投入使用。

3. 定期小修

1）清擦电动机外壳，除去运行中积累的污垢。

2）测量电动机绝缘电阻，测量后应注意重新接好线，拧紧接线头螺钉。

3）检查电动机与接地是否坚固。

4）检查电动机盖、地角螺钉是否坚固。

5）检查与负载机械之间的传动装置是否良好。

6）拆下端盖，检查润滑介质是否变脏、干涸，应及时加油、换油。

7）检查电动机的附属起动和保护设备是否完好。

2.8 技能训练 三相异步电动机的起动参数测定

任务描述

通过实训方式扎实掌握三相异步电动机的起动、调速及其参数的测定。

2.8.1 三相异步电动机的直接起动

1. 实训目的

通过实训掌握异步电动机的直接起动时的技术指标。

2. 相关知识

1）三相异步电动机的起动方法以及各种起动的技术指标。

2）相关计算公式的运用。

3）实训原理图如图2-44所示。

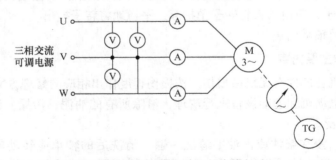

图 2-44 三相异步电动机的直接起动

3. 仪器与设备

通用电学试验台、三相笼型异步电动机。

4. 操作内容与步骤

1）按图2-44接线，电动机绕组为△接法。

2）安装电动机使电动机与测速发电动机及测功负载同轴连接，旋紧固定螺钉。将三相电源调至零位。空载情况下，接通电源，逐渐升高电压，起动电动机，调节三相电源使之逐渐升压至额定电压。然后切断三相电源，等电动机完全停止旋转后，再全压接通三相电源，使电动机在额定电压下全压起动，电流表受起动自流冲击而偏转，记录电流表瞬时偏转的最大值，此电流值可作为电动机起动电流的估计值。

确定起动电流值可按以下实训步骤实现。

3）停止电动机，将三相电源调至零位，空载状态下，用销钉把测功机的定子和转子销住。

4）接通电源，慢慢调节三相可调电源，使电动机在堵转状态下的定子电流达 2~3 倍额定电流，读取此时的电压值 U_K、电流值 I_K、转矩值 T_K。对应于额定电压时的起动电流 I_{st} 和起动转矩 T_{st} 按下面公式计算

$$I_{st} = \frac{U_N}{U_K} I_K$$

式中，U_N 为电动机额定电压值（V）；U_K 为起动实训时电动机电压值（V）。

$$T_{st} = \left(\frac{I_{st}}{I_K}\right)^2 = T_K$$

式中，I_K 为堵转实训时的电流值（A）；T_K 堵转实训时的转矩（N·M）。

5. 注意事项

1）实训通电时间不应超过 10s，以免绕组过热。实训完毕，切断电源。

2）注意仪表量程选择。

6. 完成实训报告

2.8.2　三相笼型异步电动机星形-三角形起动

1. 实训目的

通过实训掌握异步电动机星-角起动时技术指标的测量方法。

2. 相关知识

1）三相异步电动机的起动方法以及各种起动的技术指标。

2）相关计算公式的运用。

3）实训原理图如图 2-45 所示。

3. 仪器与设备

通用电学试验台、三相笼型异步电动机和继电接触箱组合。

4. 操作内容与步骤

1）按图 2-45 接线。

2）安装电动机使电动机与测速发电动机及测功负载同轴连接，旋紧固定螺钉。将三相电源调至零位。接通电源，调节三相电源使之逐渐升压至额定电压，按下起动按钮，使电动机成丫接法起动，经过一定时间的延时自动切换成△接法正常运行。整个起动过程结束。

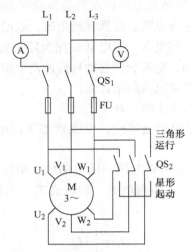

图 2-45 三相异步电动机星形-三角形起动

延时时间可调节时间继电器控制旋钮。观察起动丫-△切换过程中电动机电流的变化情况，试与其他起动方法作定性比较。

5. 注意事项

1）在此实训中建议采用模拟电流表测量起动电流。

2）注意电压表、电流表两成的选择。

6. 完成实训报告

2.9 习题

1. 简答题

1）如何改变三相异步电动机的旋转方向？

2）简述什么叫三相异步电动机的减压起动？笼型异步电动机有哪几种降压起动方法？

3）简述根据起动方法的不同，单相异步电动机可分为哪几种？

4）简述三相异步电动机中旋转磁场产生的条件是什么？

5）写出三相异步电动机的转速表达式，并说明三相异步电动机有哪几种调速方法？

2. 选择题

1）三相笼型异步电动机要实现电气正、反转控制，只要将主回路的三相电源线（   ）。

A. 断一相电   B. 三相不变   C. 任意两相对调   D. 三相依次调动

2）三相异步电动机对称三相绕组在空间位置上相差（   ）。

A. 60°电角度   B. 120°电角度   C. 180°电角度   D. 360°电角度

3）当异步电动机的定子电源电压突然降低为原来电压的 90% 的瞬间，转差率维持不变，其电磁转矩会（   ）。

A. 减小到原来电磁转矩的 80%   B. 减小到原来电磁转矩的 81%

C. 不变   D. 减小到原来电磁转矩的 64%

4）三相异步电动机采用丫-△减压起动时，其起动电流是全压起动电流的（　　）。

A. 1/3　　　　　　B. $1/\sqrt{3}$　　　　　C. 1/2

5）已知三相交流电源的线电压是380V，若三相电动机每相绕组的额定电压是380V，则应接成（　　）。

A. 丫

B. △

C. 丫和△均可

D. 先接成△，然后接成丫

6）三相交流异步电动机中旋转磁场是下列因素产生的（　　）。

A. 由永久磁铁的磁场作用产生

B. 由通入定子中的交流电流产生

C. 由通入转子中的交流电流产生

D. 由通入定子和转子中的交流电流共同作用产生

7）当电源电压降低时，三相异步电动机的起动转矩将（　　）。

A. 提高　　　　　　B. 不变　　　　　　C. 降低

8）当异步电动机的定子电源电压突然降低为原来电压的80%的瞬间，转差率维持不变，其电磁转矩会（　　）。

A. 减小到原来电磁转矩的80%

B. 减小到原来电磁转矩的64%

C. 不变

D. 减小到原来电磁转矩的90%

9）笼型异步电动机在起动时为限制起动电流常采用的方法是（　　）。

A. 降压起动

B. 转子绕组串电阻起动

C. 直接起动

D. 升压起动

10）三相异步电动机的额定功率指的是（　　）。

A. 输入的视在功率

B. 输入的有功功率

C. 电磁功率

D. 输出的机械功率

3. 计算题

1）已知一台三相异步电动机，$P_N = 10\text{kW}$，$U_N = 380\text{V}$，接法为△，$n_N = 1470\text{r/min}$，$\eta = 90\%$，$\cos\phi_2 = 0.8$，$\dfrac{T_m}{T_N} = 2.3 = 2$，$\dfrac{T_{st}}{T_N} = 1.5$，$f = 50\text{Hz}$，试求：①额定转差率 s_N；②额定转矩 T_N；③最大转矩 T_m；④直接起动的起动转矩 T_{st}；⑤额定电流 I_N。

2）Y2-132S-4 三相异步电动机输出功率 $P_2 = 11\text{kW}$，电压 $U_N = 380\text{V}$，电流 $I_N = 11.7\text{A}$，电动机功率因数 $\cos\phi_2 = 0.8$，求输入功率 P_1 及输出功率与输入功率之比 η。

3）现有一台异步电动机铭牌数据如下：$P_N = 10\text{kW}$，$n_N = 1460\text{r/min}$，$U_N = 380\text{V}$，接法为△，$\eta = 0.868$，$\cos\phi_2 = 0.88$，$\dfrac{T_{st}}{T_N} = 1.5$。试求：①额定电流和额定转矩；②若电动机轴上所带的负载阻力矩 T_L 为60N·m，问当电网电压降为额定电压的80%时，该电动机能否起动？

项目3 直流电动机的应用

学习目标：

1）了解直流电动机的结构和分类。
2）掌握直流电动机的基本原理与结构。

直流电动机使用直流电源，与交流异步电动机相比，直流电动机具有更好的起动和运行性能，因此直流电动机应用在要求携带方便、在特殊场合使用或对电动机的性能要求较高的电器中，例如电子音像设备、办公设备、清洁、美容保健、医疗用的器械、仪器仪表和电动玩具等。

3.1 任务1 直流电动机的拆装

任务描述

通过对直流电动机的拆装，了解直流电动机的结构和分类；了解其结构、掌握其工作原理，理解铭牌数据。

3.1.1 直流电动机的结构

直流电动机的结构形式如图3-1所示，由图可见，直流电动机的所有部件可以分为固定的和转动的两大部分。固定不动部分称为定子；转动部分称为转子。定子与转子之间因有相对运动，故留有一定的空气隙，一般小型电动机的气隙为 0.7 ~ 5mm，大型电动机为 5 ~ 10mm 左右。下面介绍定、转子中各主要部件的构造和作用。

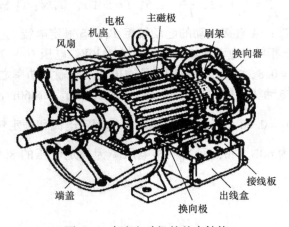

图 3-1 直流电动机的基本结构

1. 定子部分

直流电动机定子主要作用是产生主磁场和作为机械的支撑。定子包括机座、主磁极、换向磁极、端盖和轴承等。电刷装置也固定在定子上。

1）机座。

机座有两方面的作用：一方面起导磁作用，作为电动机磁路的一部分；另一方面起支撑作用，用来安装主磁极、换向磁极，并通过端盖支撑转子部分。机座一般用导磁性能较好的铸钢件或钢板焊接成，也可直接用无缝钢管加工而成。

2）主磁极。

主磁极用来产生电动机工作的主磁场，它由主磁极铁心和励磁绕组组成，如图3-2所示。

主磁极铁心为电动机磁路的一部分，为了减少涡流损耗，一般采用厚1～1.5mm的钢板冲制后叠装制成，用铆钉铆紧成为一个整体。

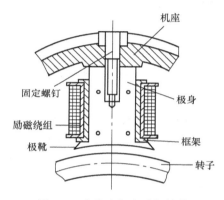

图3-2 直流电机主磁极结构

3）换向磁极。

换向磁极是位于两个主磁极之间的小磁极，又称为附加磁极。其作用是产生换向磁场，减小换向器产生的火花，它由换向磁极铁心和换向磁极绕组组成。

4）电刷装置。

电刷装置的作用是通过电刷与换向器的滑动接触，把电枢绕组中的电动势（或电流）引到外电路，或把外电路的电压、电流引入电枢绕组。电刷装置由碳刷、碳刷盒、铜辫和压紧弹簧等组成，如图3-3所示。

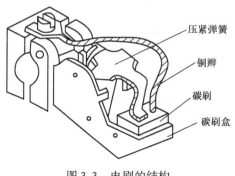

图3-3 电刷的结构

2. 转子（电枢）

转子通称为电枢，它是产生感应电动势、电流、电磁转矩，实现能量转换的部件。它由电枢铁心、电枢绕组、换向器、风扇和转轴等组成，如图 3-4 所示。

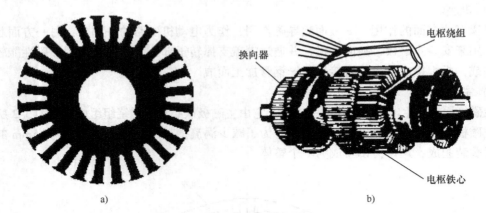

图 3-4　电枢冲片及电枢结构图
a）电枢冲片　b）电枢结构

1）电枢铁心。

电枢铁心是直流电动机主磁路的一部分，在铁心槽中嵌放电枢绕组。电枢转动时，铁心中的磁通方向不断变化，会产生涡流和磁滞损耗。为了减少损耗，电枢铁心一般采用厚0.5mm 的表面有绝缘层的硅钢片叠压而成。图 3-4a 中的 4 是铁心冲片，铁心外圆均匀地分布着嵌放电枢绕组的槽，轴向有轴孔和通风孔。

2）电枢绕组。

电枢绕组的作用是通过电流产生感生电动势和电磁转矩实现能量转换。电枢绕组通常用圆形或矩形截面的绝缘导线绕制而成，再按一定的规律嵌放在电枢铁心槽内，利用绝缘材料进行电枢绕组和铁心之间的绝缘处理。并对绕组采取紧固措施，以防旋转时被离心力抛出。

3）换向器。

换向器的作用是将电枢中的交流电动势和电流，转换成电刷间的直流电动势和电流，从而保证所有导体上产生的转矩方向一致。换向器结构如图 3-5 所示。

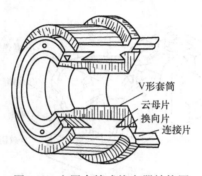

图 3-5　金属套筒式换向器结构图

4）转轴。

转轴作用是用来传递转矩，为了使电动机能可靠地运行，转轴一般用合金钢锻压加工而成。

5）风扇。

风扇用来降低运行中电动机的温升。

3.1.2　直流电动机的铭牌

在直流电动机的外壳上都有一块铭牌，如图3-6所示。它提供了电动机在正常运行时的额定数据和其他有关内容，以便用户能正确使用直流电动机。

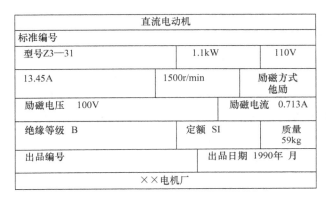

直流电动机		
标准编号		
型号Z3—31	1.1kW	110V
13.45A	1500r/min	励磁方式 他励
励磁电压　100V		励磁电流　0.713A
绝缘等级　B	定额　SI	质量 59kg
出品编号	出品日期 1990年　月	
××电机厂		

图 3-6　直流电动机的铭牌

电动机的型号一般采用大写印刷体的汉语拼音字母和阿拉伯数字表示。例如

$$Z4—200/21$$

Z—系列代号，直流电动机；4—第四次设计，200—电动机中心高200mm；2—极数为2；1—1号铁心。

1. 额定功率 P_N

额定功率指电动机在额定情况下，长期运行所允许的输出功率。对发电机来讲，是指输出的电功率；对电动机来讲，是指轴上输出的机械功率，单位为 kW。

$$P_N = U_N I_N \eta_N \tag{3-1}$$

2. 额定电压 U_N

额定电压指正常工作时电动机出线端的电压值。对发电机而言，是指在额定运行时输出的端电压；对电动机而言，是指额定运行时的电源电压，单位为 V 或 kV。

3. 额定电流 I_N

电动机对应于额定运行时的电流值，对于发电机是指额定运行时供给负载额定的电流；对电动机是指额定运行时从电源输入的电流，单位为 A。

4. 额定转速 n_N

额定转速是指电压、电流和输出功率均为额定值时转子旋转的速度，单位为 r/min。

5. 励磁方式

电动机的励磁方式决定了励磁绕组和电枢绕组的接线关系，有永磁体励磁、他励、并励、串励和复励等。

6. 额定励磁电压 U_N

额定励磁电压是指加在励磁绕组两端的额定电压，单位为 V。

7. 额定励磁电流 I_{fN}

额定励磁电流是指电动机额定运行时所需要的励磁电流，单位为 A。

3.1.3 直流电机工作原理

1. 直流发电机工作原理

根据电磁感应原理：导体在磁场内作切割磁力线的运动时，在导体中就有感应电动势产生。如图 3-7 所示，用外力转动直流发电机的转子，使线圈以转速 n 逆时针方向旋转，切割主极磁场，在线圈 $abcd$ 内就会产生感生电动势，其方向可以用右手定则判定：在导体 ab 上，电动势方向是由 b 指向 a 的，在导体 cd 上，电动势方向是由 d 指向 c 的；当线圈转过 $180°$ 时，导体 ab 和 cd 互换了位置，导体 ab 的电动势方向变成由 a 指向 b，导体 cd 的电动势方向则是由 c 指向 d；当线圈逆时针再转过 $180°$ 时线圈又回到图 3-7 所示的位置，导体中的电动势方向又成为原来的方向。

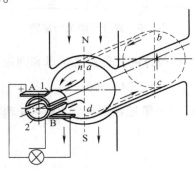

图 3-7　直流发电机原理模型

2. 直流电动机工作原理

直流电动机的工作原理是根据通电导体在磁场内受力而运动的原理制成的。在图 3-7 的直流电动机模型中，电刷 1、2 两端加上直流电压，线圈 $abcd$ 内便有电流通过，如果电刷 A 接电源的正极、电刷 B 接电源的负极，导体 ab 在 N 极下，电流方向从 a 流向 b，导体 cd 在 S 极上，电流方向从 c 流向 d，通电导体 ab 和 cd 将受到电磁力的作用，用左手定则可以判断电磁力的方向，如图 3-8 所示。电磁力和转子半径的乘积即为电磁转矩，其方向也为逆时针方向，如果电磁转矩能克服电枢轴上的制动转矩，电动机就能转动起来。

直流电动机的工作原理：直流电动机在外加电压的作用下，在导体中形成电流，载流导体在磁场中将受电磁力的作用，由于换向器的换向作用，导体进入异性磁场时，导体中的电流方向也相应改变，从而保证了电磁转矩的方向不变，使直流电动机能连续旋转，把直流电能转换成机械能输出。

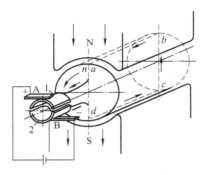

图 3-8　直流电动机工作原理模型

直流电动机的运行是可逆的。当它作为发电机运行时，外加转矩拖动转子旋转，线圈产生感应电动势，接通负载以后提供电流，从而将机械能转变成电能。当它作为电动机运行时，通电的线圈导体在磁场中受力，产生电磁转矩并拖动机械负载转动，从而将电能变成机械能。

3.2　任务2　直流电动机的运行特性

任务描述

通过对直流电动机运行参数的学习，掌握直流电动机的运行特性、转矩特性和机械特性，了解影响电动机运行特性的因素。

3.2.1　直流电动机的运行参数

1. 电磁转矩

与交流电动机一样，直流电动机的电磁转矩也是载流的转子导体在磁场中受电磁力作用而产生的，所以电磁转矩 T 与磁通 Φ 及电枢电流 I_a 成正比，即

$$T_{em} = C_T I_a \Phi \tag{3-2}$$

式中，C_T 为与电动机结构有关的转矩常数，I_a 为电枢电流。

2. 电枢电动势

当直流电动机转动时，电枢绕组因切割磁力线而产生的感应电动势称为电枢电动势，电枢电动势也与磁通 Φ 成正比，而且还与导体切割磁力线的速度（即电动机的转速 n 成正比），即

$$E_a = C_e \Phi n \tag{3-3}$$

式中，Φ 为电动机的气隙磁通；n 为电动机的转速；C_e 为与电动机结构有关的常数，称为电动势常数。上式表明直流电动机的感应电动势与电动机结构、气隙磁通和电动机转速有关。当电动机制造好后，与电动机结构有关的常数 C_e 不再变化。因此，电枢电动势仅与气隙磁通和转速有关，改变磁通和转速均可以改变电枢电动势的大小。

3. 平衡方程式

平衡方程式是直流电动机运行时，电磁关系和能量传递关系的数学表达式，包括：电压平衡方程式、转矩平衡方程式、功率平衡方程式。

用电动机惯例所设各量的正方向，用基尔霍夫电压定律，可列出电压平衡方程式为：

$$U = E_a + I_a R_a \qquad\qquad (3\text{-}4)$$

式中，U 为电源电压，E_a 为电枢绕组感应电动势，I_a 为电枢电流，R_a 为电枢绕组上的电阻。

转矩平衡方程式为：$T_{em} = T_2 + T_0$

式中，T_{em} 为电磁转矩，T_2 为轴上的负载制动转矩，T_0 为空载制动转矩。

并励电动机功率平衡方程式为：$P_1 = P_2 + \sum p$

式中，P_2 为轴上输出机械功率，$\sum p$ 为总损耗。

3.2.2 直流电动机的励磁方式

按照直流电动机的主磁场的不同，一般可分为两大类，一类是由永久磁铁作为主磁极；而另一类是利用给主磁极绕组通入直流电产生主磁场。后一类按照主磁极绕组与电枢绕组接线方式的不同，又可分为他励、并励、串励和复励 4 种，如图 3-9 所示。

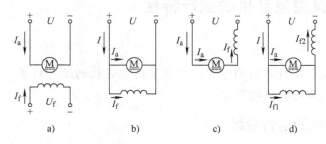

图 3-9　直流电动机的励磁方式
a) 他励式　b) 并励式　c) 串励式　d) 复励式

永久磁铁为主磁极的直流电动机，过去常用于录音机、录像机等所需功率很小、机械精度要求较高的场合，现在已应用到更广泛的范围。

1. 他励

他励方式中，电枢绕组和励磁绕组电路相互独立，电枢电压与励磁电压彼此无关，电枢电流与励磁电流也无关。他励直流发电机的电枢电流和负载电流相同，即 $I = I_a$。

2. 并励

并励方式中，电枢绕组和励磁绕组是并联关系。即励磁绕组与电枢绕组并联，满足 $I = I_a + I_f$。

3. 串励

串励方式中，电枢绕组与励磁绕组是串联关系。由于励磁电流等于电枢电流。所以串励绕组通常线径较粗，而且匝数较少。励磁绕组与电枢绕组串联。满足 $I = I_a = I_f$。

4. 复励

复励电动机的主磁极上有两部分励磁绕组，其中一部分与电枢绕组并联，另一部分与电枢绕组串联当两部分励磁绕组产生的磁通方向相同时，称为积复励，反之称为差复励。复励是并励和串励两种励磁方式的结合。电动机有两个励磁绕组一个与电枢绕组串联一个与电枢绕组并联。

3.2.3 直流电动机的工作特性

1. 并励电动机的工作特性

直流电动机的工作特性是指在一定条件下，转速 n、电磁转矩 T 和效率随输出功率 P_2 的变化关系。直流电动机的工作特性因为励磁方式的不同有很大差别，本书只讨论并励直流电动机和串励直流电动机的工作特性。

并励直流电动机的工作特性是指在 $U = U_N$，$I_f = I_{fN}$ 时电枢回路的附加电阻 $R = 0$ 时，电动机的转速，电磁转矩和效率三者与输出功率（负载）之间的关系得。工作特性可用实验方法求得，曲线如图 3-10 所示。

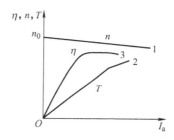

图 3-10　直流电动机的工作特性

（1）转速特性

$U = U_N$、$I_f = I_{fN}$ 时，转速 n 和 I_a 的曲线为转速特性曲线。电动机转速 n 为

$$n = \frac{U_N - I_a R_a}{C_e \Phi} \tag{3-5}$$

对于某一电动机，C_e 为一常数，当 $U = U_N$ 时，影响转速的因素有两个：一是电枢回路上电阻的大小，二是磁通 Φ。通常随着负载的增加，当电枢电流 I_a 增加时，一方面电枢回路的压降增加，使转速 n 下降；另一方面由于电枢反应的去磁作用，使磁通 Φ 减小，使转速 n 上升。

（2）转矩特性

$U = U_N$、$I_f = I_{fN}$ 时，转矩 T 和 I_a 的曲线为转矩特性曲线。若不计电枢反应的去磁作用由式(3-2) 可得，转矩特性曲线为一条过原点的直线，如果考虑电枢反应的去磁作用，当 I_a 增大时，Φ 减小，转矩 T 也随之减小。此时转矩特性曲线如图 3-10 所示。

（3）效率特性

当 $U = U_N$、$I_f = I_{fN}$ 时，效率 η 和 I_a 的曲线为效率特性曲线。

在使用并励电动机时，励磁回路不可以开路，因为励磁回路开路时，气隙磁通将骤然减少到剩磁，感应电动势也随之减小，由于惯性作用，转速不能跃变，电枢电流将急剧增加，使电动机严重过载。此时会出现两种情况：一是电枢电流增加量不足以补偿磁通减少时，转矩下降，电动机减速。二是电枢电流增加量超过磁通减少时，转矩将增大，电动机将加速，容易出现危险。无论在哪种情况下，电枢电流都将超过额定电流好多倍。

2. 串励电动机的工作特性

因为串励电动机的励磁绕组与电枢绕组串联，故励磁电流 $I_f = I_a$ 与负载有关，这就是说，串励电动机的气隙磁通中将随负载的变化而变化，正是这一特点，使串励电动机的工作特性与他励电动机有很大的差别，如图 3-11 所示。

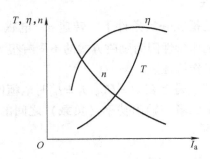

图 3-11　串励电动机工作特性

（1）转速特性

当负载较小时，$\Phi = KI_a$，磁通与电枢电流成正比。经过计算可得

$$n = \frac{U}{C_e K I_a} - \frac{R_a}{C_e K} \tag{3-6}$$

由此可见，串励电动机的转速与电枢电流成反比，转速特性为一双曲线，当负载电流较大时，铁心已经饱和，磁通 Φ 变化不大。当轻载时，串励电动机转速急剧上升，会导致电动机损坏，所以，串励电动机不允许轻载起动，更不允许空载起动。最低负载不应小于额定负载的 25%。

（2）转矩特性

当负载较小时，$\Phi = KI_a$，磁通与电枢电流成正比，经过计算可得

$$T = C_T K I_a^2 \tag{3-7}$$

由上式可知，电磁转矩与电枢电流的平方成正比，转矩特性在负载较小时为一条抛物线。当负载较大时，铁心趋于饱和，虽然励磁电流随负载的增加而增大，但是磁通变化不大，电磁转矩大致与电枢电流平方成正比。

通过对特性曲线的分析，可以发现串励电动机有两大优点：一是起动转矩大，过载能力强；二是电动机的输出功率稳定，不会过载，不会引起电网电压的波动。

3. 他励电动机的机械特性

电动机的机械特性就是研究电动机转速 n 与转矩 T 之间的关系。在电力系统中，他励电动机应用比较广泛，所以就以他励电动机为例来介绍直流电动机的机械特性。

（1）固有机械特性

固有机械特性是指当电动机的工作电压和磁通均为额定值时，电枢电路中没有串入附加电阻时的机械特性。电动机的机械特性如图 3-12 所示。

$$n = \frac{U_N}{C_e \Phi_N} - \frac{R_a}{C_e C_T \Phi_N^2} T = n_0 - \Delta n \tag{3-8}$$

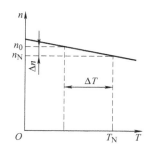

图 3-12　他励电动机及固有机械特性

实际上，当电动机旋转时，不论有无负载，总存在有一定的空载损耗和相应的空载转矩，而电动机的实际空载转速将低于 n_0。

$$\Delta n = \frac{R_a}{C_e C_T \Phi^2}T = \beta T \tag{3-9}$$

式中，$n_0 = \dfrac{U}{C_e \Phi}$，特性曲线与纵轴的交点为 n 时的转速，称为理想空载转速；Δn 为额定负载时的转速降；β 为固有机械特性曲线的斜率。

他励直流电动机的固有机械特性曲线是一条向下倾斜的直线，这说明加大电动机的负载，会使转速下降。斜率越大机械特性就越"软"。一般他励电动机在电枢没有外接电阻时，机械特性都比较"硬"。机械特性的硬度也可用额定转速调整率 $\Delta n\%$ 来说明，转速调整率小，则机械特性硬度就高。

他励直流电动机中由于 R_a 较小，β 较小，故他励直流电动机固有机械特性较"硬"。

（2）人为机械特性

人为机械特性是指人为地改变电动机参数而得到的机械特性。即改变公式 $n = \dfrac{U_N - I_a R_a}{C_e \Phi}$ 中的参数所获得的机械特性，一般只改变电压、磁通、附加电阻中的一个，他励直流电动机有下列 3 种人为机械特性。

1）电枢回路串电阻时的人为机械特性。

此时 $U = U_N$，$\Phi = \Phi_N$，$R = R_a + R$，与固有特性相比，理想空载转速 n_0 不变，但是，转速降 Δn 增大，R 越大，斜率也越大，特性变"软"，这类人为机械特性是一组通过 n_0，但具有不同斜率的直线，如图 3-13 所示。

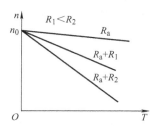

图 3-13　改变电枢电阻后的人为机械特性

2）改变电枢电压时的人为机械特性。

此时 $R = 0$，$\Phi = \Phi_N$。由于电动机的额定电压是工作电压的上限，因此改变电压时，只能在低于额定电压的范围内变化。与固有特性相比较，特性曲线的斜率不变，理想空载转速 n_0 随电压减小成正比减小，故改变电压时的人为特性是一组低于固有机械特性而与之平行的直线，如图 3-14 所示。

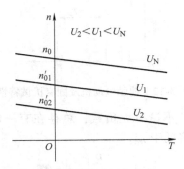

图 3-14　改变电枢电压的人为机械特性

3）减弱磁通时的人为机械特性。

可以降低励磁电压 U_f 或增大励磁回路的励磁电阻来减弱磁通，此时，$U = U_N$ 由于磁通 Φ 的减少，其特点是，理想的空载转速随着磁通的减少而上升，斜率 β 与磁通 Φ 的平方成反比，机械特性变软。特性曲线如图 3-15 所示。

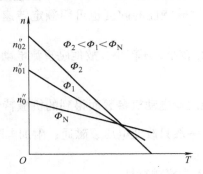

图 3-15　改变磁通的人为机械特性

他励电动机在起动和运行过程中，励磁回路不允许开路。

3.3　任务 3　直流电动机的起动与反转

任务描述

通过对直流电动机起动要求的分析，明确注意事项，熟练选择运用直流电动机的起动方法。

直流电动机的起动是指电动机接通电源后，由静止状态加速到稳定运行状态的过程。电动机在起动瞬间的电磁转矩称为起动转矩，起动瞬间的电枢电流称为起动电流。

因为直接起动电流可达到很大的数值，通常可达到额定电流的 10～20 倍。一般直流电动机是不允许直接起动的。

起动转矩为

$$T_{st} = C_T \Phi I_{st} \qquad (3\text{-}10)$$

不同的负载对起动有不同的要求。一般来说有以下几点。

1）起动转矩要大，起动快。这对频繁起动的生产机械来说，可以提高生产率；但对某些机械，则要求平稳慢速起动，例如载人或载危险物品的机械。

2）起动电流不能超过电源和电动机的允许电流，以免对电源、生产机械和电动机产生不良影响。

3）起动设备要简单，控制要方便。

4）起动过程中消耗的能量要小。

要限制起动电流，他励直流电动机通常用降低电枢电压起动或者在电枢回路串入电阻起动。

3.3.1 直流电动机的起动

1. 降低电枢电压起动

降低电枢电压起动简称为减压起动。当直流电源电压可调时，可以采用减压起动。起动时，以较低的电源电压起动电动机，通过降低起动时的电枢电压来限制起动电流，起动电流随电压的降低而正比减小，因而起动转矩减少。随着电动机转速的上升，反电动势逐渐增大，再逐渐提高电源电压，使起动电流和起动转矩保持在一定的数值上，从而保证电动机按需要的加速度升速。待电压达到额定值时，电动机稳定运行，起动过程结束。这种方法的优点是起动平稳，起动过程中能量损失小。

2. 电枢回路串电阻起动

要限制起动电流，可以在电枢回路中串接电阻，使起动电流不超过允许的数值。当电动机转动后，随着转速升高，反电动势增大，电枢电流减少，再逐步减少起动电阻阻值，直到电动机稳定运行，起动电阻全部切除。

有时为了保持起动过程中电磁转矩持续较大及电枢电流持续较小，可以逐段切除起动电阻，如图 3-16 所示，起动完成后，起动电阻全部切除。

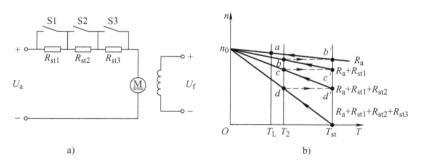

图 3-16　电枢回路串电阻起动
a）原理图　b）机械特性曲线

电枢回路串电阻起动方法所需设备较简单，价格较低，但在起动过程中在起动电阻上有能量损耗。而降低电源电压起动则所需设备复杂，价格较贵，但在起动过程中基本上不损耗能量。对于小直流电动机一般用串电阻起动，容量稍大但不需经常起动的电动机也可用串电阻起动，而需经常起动的电动机，如起重、运输机械上的电动机，则宜用降低电源电压的办法起动。

3.3.2　直流电动机的反转

要改变直流电动机的旋转方向，就需改变电动机的电磁转矩方向，而电磁转矩决定于主极磁通和电枢电流的相互作用，故改变电动机转向的方法有两种：一种是改变励磁电流的方向；另一种是改变电枢电流的方向。如果同时改变励磁电流和电枢电流的方向，则直流电动机的转向不变。

对并励电动机而言，由于励磁绕组匝数多、电感大，在进行反接时因电流突变，将会产生很大的自感电动势，危及电动机及电器的绝缘安全，因此一般采用电枢反接法。在将电枢绕组反接的同时必须连同换向极绕组一起反接，以达到改善换向的目的。

串励电动机的反转，改变电源端电压的方向是不行的。必须改变励磁电流的方向或电枢电流的方向，才能改变电磁转矩的方向，实现电动机的反转。

3.4　任务4　直流电动机的调速

任务描述

直流电动机具有良好的调速性能，调速平滑，应用较为广泛，掌握直流电动机的三种调速方法并实际运用。

许多生产机械的运行速度，随其具体工作情况不同而不一样。例如，车床切削工件时，精加工用高转速，粗加工用低转速。龙门刨床刨切时，刀具切入和切出工件用较低速度，中间一段切削用较高速度，而工作台返回时用高速度。这就是说，系统运行的速度需要根据生产机械工艺要求而人为调节。调节转速简称为调速。改变传动机构速比的调速方法称为机械调速，通过改变电动机参数而改变系统运行转速的调速方法称为电气调速。

根据他励直流电动机的转速公式 $n = \dfrac{U_N - I_a R}{C_e \Phi}$ 可知，他励直流电动机有三种调速方法：调压调速、电枢串电阻调速和改变磁通调速。

3.4.1　改变电枢电压调速

在其他参数不变的条件下，改变电枢电压 U，使空载转速 n_0 改变，可以得到不同空载转速 n_0 的平行直线。

改变电枢电压调速的特点：

1）改变电枢电压调速时，机械特性的斜率不变，所以调速的稳定性好；

2）电压可作连续变化，调速的平滑性好，调速范围广；

3）属于恒转矩调速，电动机不允许电压超过额定值，只能由额定值往下降低电压调速，即只能减速；

4）电源设备的投资费用较大，但电能损耗小，效率高。还可用于减压起动。

3.4.2　电枢串电阻调速

在其他参数不变的条件下，改变电枢回路串联电阻 R，使特性曲线的斜率改变，而空载转速 n_0 保持不变，如图 3-17 所示。

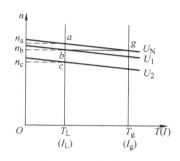

图 3-17　改变电枢回路电阻调速

电枢回路串电阻调速的特点：

1）串电阻后转速只能降低，机械特性变软，低速运行时，负载稍有变化，转速变化很大；

2）调速的平滑性不高；

3）调速电阻上消耗的能量较多，不够经济；

4）调速方法简单。

3.4.3　改变磁通调速

在其他参数不变的条件下，减少主磁通 Φ，会使空载转速 n_0 增大；同时特性曲线的斜率也增大，对应不同的主磁通 Φ，可以得到不同空载转速 n_0 与不同斜率的特性曲线。图 3-18 所示是他励电动机改变主磁通 Φ 调速的人工机械特性，从图中可见，在负载相同的情况下，串入不同的励磁电阻，主磁通不同，所对应的转速也不同。

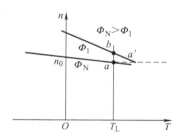

图 3-18　改变磁通调速的机械特性

改变磁通调速的特点：

1）弱磁调速的机械特性较软；

2）调速的平滑性好；

3）能量损失小。

3.5 任务5 直流电动机的制动

任务描述

制动是直流电动机运行状态的一种，掌握直流电动机的几种常用制动方法，会分析制动时电动机的参数变化。

根据电磁转矩和转速方向之间的关系，可以把电动机分为两种运行状态：当电磁转矩与转速同方向时，称为电动运行状态，简称为电动状态；当电磁转矩与转速反方向时，称为制动运行状态，简称为制动状态。在电动运行状态时，电磁转矩为驱动转矩，电动机将电能转换为机械能；在制动运行状态时，电磁转矩为制动转矩，电动机将机械能转换成电能。

制动的方法有机械制动和电气制动两种。机械制动是指靠摩擦获得制动转矩的制动方式，常见的机械制动装置是抱闸；电气制动是指利用电动机制动状态产生阻碍运动的电磁转矩来制动。电气制动具有许多优点，例如，没有机械磨损、便于控制、有时还能将输入的机械能换成电能送回电网、经济节能等，因此被广泛应用。他励直流电动机的制动有能耗制动、反接制动和回馈制动3种方式。

3.5.1 能耗制动

图3-19是能耗制动的接线图。当需要制动时，将KM的动合（常开）触点断开，切断电源，此时KM的动分（常闭）触点闭合，电阻 R 接入电路中，电动机便进入能耗制动状态。

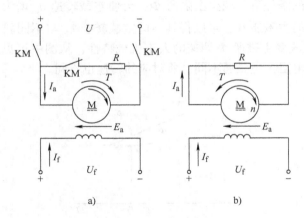

图3-19 能耗制动

a）能耗制动控制电路　b）能耗制动时的电路图

初始制动时，因为磁通保持不变，电枢存在惯性，其转速 n 不能马上降为零，而是保持原来的方向旋转，于是 n 和 E_a 的方向均不改变。但是，由于 $U=0$，E_a 在闭合回路内产生的电枢电流却与电动状态时电枢电流 I_a 的方向相反，由此而产生的电磁转矩也与电动状态时转矩的方向相反，变为制动转矩，于是电动机处于制动运行。制动运行时，电动机靠生产机械惯性力的拖动而发电，将生产机械储存的动能转换成电能，并消耗在电阻 $R_a + R$ 上，直到电动机停止转动为止，所以这种制动方式称为能耗制动。

3.5.2　电源反接制动

电源反接制动时的接线如图 3-20 所示。电枢接正极性的电源电压，KM_1 闭合，KM_2 断开，此时电动机处于正转的电动状态运行，电枢电流 I_a 如图 3-20 所示，当电动机进行反接制动时，KM_2 闭合，KM_1 断开，电枢回路串入制动电阻 R 后，接上极性相反的电源电压。这时加到电枢绕组两端的电源电压极性和电动状态时相反。电枢电压由原来的正值变为负值。此时，电动势方向不变，外加电压与电动势方向相同。在电枢回路内，U 与 E_a 顺向串联，共同产生很大的反向电流。

电源反接制动的瞬间，电枢回路的电压 $E_a + U \approx 2U$，因此在进行电源反接制动的同时，在电枢回路中串入限流电阻，以降低制动电流。

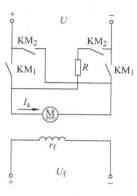

图 3-20　电源反接制动

3.5.3　回馈制动

电动状态下运行的电动机，在某种条件下（如电车下坡时）会出现 $n > n_0$ 情况，此时 $E_a > U$，电枢电流反向。电磁转矩也随之反向，由驱动转矩变为制动转矩。从能量传递方式看，电动机处于发电状态，将失去的位能转变为电能回馈给电网，这种状态称为回馈制动状态。

3.6　任务6　直流电动机的维护与检修

任务描述

了解直流电动机的故障现象，通过故障现象能够判定其故障位置和种类，会总结直流电动机的故障类型和基本维修方法。

3.6.1　直流电动机换向故障分析与维护

1. 换向火花状态

换向火花的大小是衡量换向优劣的主要标准。

2. 换向器表面的状态

1）烧痕：在换向器表面一般会出现用汽油擦不掉的烧伤痕迹。

2）节痕：节痕是指换向器表面出现有规律的变色或痕迹。

3. 电刷镜面状态

正常换向时，电刷与换向器的接触面是光亮平滑的，通常称为镜面。当电动机换向不良时，电刷镜面会出现雾状、麻点和绕伤痕迹。

4. 换向器

换向器是直流电动机的关键部件，要求表面光洁圆整，没有局部变形。在换向良好的情况下，长期运转的换向器表面与电刷接触的部分将形成一层坚硬的褐色薄膜，这层薄膜有利于换向，并能减少换向器的磨损。当换向器因装配质量不良造成变形或换向片间云母凸出以及受到碰撞使个别换向片凸出或凹下，表面有撞击疤痕或毛刺时，电刷就不能在换向器上平稳地滑动，使火花增大。换向器表面粘有油腻污物也会使电刷因接触不良而产生火花。

换向器表面如有污物，应用沾有酒精的抹布擦净。

换向器表面出现不规则情况时，用与换向片表面吻合的木块垫上细玻璃砂纸来磨换向器，若还不能满足要求，则必须车削换向器的外圆。

5. 电刷

为保证电刷和换向器的良好接触，电刷表面至少要有 3/4 与换向器接触，电刷压力要保持均匀，电刷间压力相差不超过 1000，以保证各电刷的接触电阻基本相当，从而使各电刷电流均衡。

电刷弹簧压力不合适，电刷材料不符合要求，电刷型号不一致，电刷与刷盒之间的配合太紧或太松，电刷伸出盒太长，都会影响电刷的受力，产生有害火花。

6. 电气原因及维护

换向接触电势与电枢反应电势是直流电动机换向不良的主要原因一般在电动机设计与制造时都作了较好的补偿与处理，但是由于维修后换向绕组、补偿绕组安装不准确，磁极、刷盒装配偏差，造成各磁极间距离相差太大、各磁极下的气隙不均匀、电刷中心对齐不好、电刷沿换向器圆周等分不均（一般电动机电刷沿换向器圆周等分差不超过 ±0.5mm）。上述原因都可以增大电枢反应电势，从而使换向恶化，产生有害火花。因此，在检修时，应使各个磁极、电刷安装合适，分配均匀。换向极绕组、补偿绕组安装正确，就能起到改善换向的作用。

电刷中心位置测定一般有以下 3 种方法：感应法、正反转发电动机法、正反转电动机法。

3.6.2 直流电动机运行中的常见故障与处理

1. 直流电动机通电后不能起动

直流电动机起动必需足够的起动转矩（要大于起动时的静阻转矩），而提供起动转矩必须有两个基本条件：一是要有足够的电磁场；二是要有足够的电枢电流。对于其不能起动故障也应以此为核心进行检测、分析、试验。

（1）故障原因分析

1）电枢回路断路，无电枢电流，所以无起动转矩，无法起动。故障点多在电枢回路的控制开关、保护电器及电枢线圈与换向极、补偿磁极的接头处。

2）励磁回路断路，励磁电阻过大，励磁线接地，励磁绕组维修后空气隙增大。这些磁场故障会造成缺磁、磁场削弱，故无起动转矩或起动转矩太小，无法起动。

3）起动时的负载转矩过大，起动时的电磁转矩小于静阻转矩。

4）电枢绕组匝间短路，起动转矩不足。

5）电刷严重错位。

6）电刷研磨不良，压力过大。

7）电动机负荷过重。

（2）处理方法

1）对于电枢断路、励磁回路断路。分别沿两个回路查找断路点，更换故障开关，修复断点。

2）查找短路点，局部修理或更换。

3）电枢起动电阻、励磁起动电阻重新调整（电枢电阻调大，励磁电阻调小）。

4）调整电刷位置到几何中心线，精细研磨电刷，测试调整电刷压力到正确值。

5）对于脱焊点应重新焊接。

6）若负载过重则应减轻负载起动。

2. 电枢冒烟

电枢冒烟主要由电枢电流过大，电枢绕组绝缘发热损坏所致。

（1）故障原因

1）长时期过载运行。

2）换向器或电枢短路。

3）发电机负载超重。

4）电动机端压过低。

5）电动机直接起动或反向运转频繁。

6）定、转子铁心相擦。

（2）处理方法

1）恢复正常负载。

2）用直流电压表检测是否短路，是否有金属屑落入换向器或电枢绕组。

3）检查负载线路是否短路。

4）恢复电压正常值，避免频繁反复运行。

5）检查电气隙是否均匀，轴承是否磨损。

3.7 技能训练 并励电动机起动调速控制

任务描述

通过实训方式掌握并励电动机的起动、调速方法，能够绘制机械特性曲线。

3.7.1 并励直流电动机起动控制

1. 实训目的

1）会用实训方法测取直流并励电动机的工作特性和机械特性。

2）掌握直流并励电动机的调速方法。

2. 相关知识

1）直流电动机的原理。

2）直流电动机的调速方法。

3）直流电动机控制电路图的绘制方法。

3. 仪器与设备

通用电学试验台、直流电动机、起动器、滑线变阻器和转速表。

4. 操作内容与步骤

电动机选用直流并励电动机，负载采用涡流测功机或其他装置。

1）按图 3-21 接线起动直流并励电动机，其转向从测功机端观察为逆时针方向。

2）将电动机电枢调节电阻 R_a 调至零，同时调节直流电源调压旋钮，测功机的加载旋钮和电动机的磁场调节电阻 R_f，调到其电动机的额定值 $U=U_N$、$I=I_N$、$n=n_N$，其励磁电流即为额定励磁电流 I_{fN}，在保持 $U=U_N$、$I=I_{fN}$ 不变的条件下，逐渐减小电动机的负载，即将测功机加载旋钮逆时针转动调到零，测取电动机输入电流 I、转速 n、测功机转矩 T，共 6 组数据并作好记录。

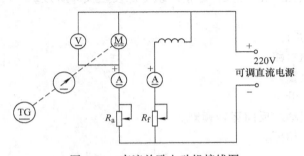

图 3-21　直流并励电动机接线图

5. 注意事项

1）直流电动机起动前，测功机加载旋钮调至零。实训做完也要将测功机加载旋钮调到零，否则电动机起动时，测功机转短盘指针会受到冲击。

2）转速表正、反转开关打到正向从测功机端观察电动机转向为逆时针，若转速反向，测功机加载时，无转矩值读数。

6. 完成实训报告

3.7.2　并励直流电动机调速控制

1. 实训目的

1）会用实训方法测取直流并励电动机的工作特性和机械特性。

2）掌握直流并励电动机的调速方法。

2. 相关知识

1）直流电动机的原理。

2）直流电动机的调速方法。

3）直流电动机控制电路图的绘制方法。

3. 仪器与设备

通用电学试验台、直流电动机、起动器、滑线变阻器和转速表。

4. 操作内容与步骤

（1）改变电枢端电压的调速

1）按图 3-21 接线。

2）直流电动机起动后，电阻 R_a 调至零，同时调节负载（测功机）、直流电源、电阻 R_f 使 $U=U_N$、$I=0.5I_N$、$I=I_{fN}$，保持此时的 T_2 的数值和 $I_f=I_{fN}$，逐次增加 R_a 的阻值，即降低电枢两端电压 U_a。R_a 从零调到最大值，每次测取电动机两端的电压 U_a、转速 n 和输入电流 I，共测 6 组数据并作好记录。

（2）改变励磁电流的调速

1）按图 3-21 接线。

2）直流电动机起动后，电阻 R_a 调至零，同时调节负载（测功机）、直流电源、电阻 R_f 使 $U=U_N$、$I=0.5I_N$、$I=I_{fN}$，保持此时的 T_2 的数值和 $U=U_N$ 的值，逐渐增加磁场电阻 R_f，直至 $n=1.3n_N$，每次测取电动机的 n、I_f 和 I，共测 6 组数据并作好记录。

5. 注意事项

1）直流电动机起动前，测功机加载旋钮调至零。实训做完也要将测功机加载旋钮调到零，否则电动机起动时，测功机转短盘指针会受到冲击。

2）转速表正、反转开关打到正向从测功机端观察电动机转向为逆时针，若转速反向，测功机加载时，无转矩值读数。

6. 完成实训报告

3.8 习题

1. 简答题

1）简述直流电动机的工作原理。

2）电磁转矩与什么因素有关？

3）换向极起什么作用？

4）如何对换向器进行保养？

5）直流电动机的励磁方式有哪几种？

6）直流电动机的起动方式有哪几种？

7）直流电动机的制动有哪几种？

2. 选择题

1）直流电动机的主磁极产生的磁场是（　　　）。

A. 恒定磁场　　　　B. 旋转磁场　　　　C. 脉动磁场　　　　D. 匀强磁场

2）直流电动机换向器的作用是使电枢获得（　　　）。

A. 单向电流　　　　B. 单向转矩　　　　C. 恒定转矩　　　　D. 旋转磁场

3）直流电动机中的电刷是为了引导电流，在实际应用中常采用（　　　）。

A. 石墨电刷　　　　B. 铜质电刷　　　　C. 银质电刷

4）直流电动机的转子由电枢铁心、电枢绕组及（　　）等部件组成。

A. 机座　　　　　　　B. 主磁极　　　　　　C. 换向器　　　　　　D. 换向极

5）直流电动机的定子由机座、主磁极、换向极及（　　）等部件组成。

A. 电刷装置　　　　　B. 电枢铁心　　　　　C. 换向器　　　　　　D. 电枢绕组

6）直流电动机的定子由机座、主磁极、（　　）及电刷装置等部件组成。

A. 换向极　　　　　　B. 电枢铁心　　　　　C. 换向器　　　　　　D. 电枢绕组

7）直流并励电动机的机械特性是（　　）。

A. 陡降的直线　　　　B. 水平一条直线　　　C. 软特性　　　　　　D. 硬特性

8）直流串励电动机的机械特性是（　　）。

A. 一条直线　　　　　B. 双曲线　　　　　　C. 抛物线　　　　　　D. 圆弧线。

9）为了防止直流串励电动机转速过高而损坏电动机，不允许（　　）起动。

A. 带负载　　　　　　B. 重载　　　　　　　C. 空载　　　　　　　D. 过载

10）复励发电机的两个励磁绕组产生的磁通方向相反时，称为（　　）电动机。

A. 平复励　　　　　　B. 过复励　　　　　　C. 积复励　　　　　　D. 差复励

11）在直流积复励发电机中，并励绕组起（　　）的作用。

A. 产生主磁场　　　　　　　　　　　　　B. 使发电机建立电压

C. 补偿负载时电枢回路的电阻压降　　　　D. 电枢反应的去磁

12）直流电动机主磁极上两个励磁绕组，一个与电枢绕组串联，一个与电枢绕组并联，称为（　　）电动机。

A. 他励　　　　　　　B. 串励　　　　　　　C. 并励　　　　　　　D. 复励

13）直流电动机无法起动，其原因可能是（　　）。

A. 串励电动机空载运行　　　　　　　　　B. 电刷磨损过短

C. 通风不良　　　　　　　　　　　　　　D. 励磁回路断开

14）直流电动机的某一个电枢绕组在旋转一周的过程中，通过其中的电流是（　　）。

A. 直流电流　　　　　B. 交流电流　　　　　C. 脉冲电流　　　　　D. 长期过载

3. 计算题

1）一台并励直流电动机，输入功率 $P_1 = 17\mathrm{kW}$，额定电压 $U_N = 440\mathrm{V}$，电枢电阻 $R_a = 0.25\Omega$，励磁电阻 $R_f = 220\Omega$，求电枢电流 I_a 和反电动势 E_a。

2）一台并励直流发电机，额定电压 $U_N = 230\mathrm{V}$，励磁电阻 $R_f = 46\Omega$，负载电阻 $R_L = 6\Omega$，电枢电阻 $R_a = 0.3\Omega$，求电枢电流、电枢电动势和负载电流。

项目4 常用特种电动机的认知

学习目标：

1）掌握步进电动机的结构和工作原理，熟悉步进电动机的特点，能够根据实际情况进行步进电动机的选用。

2）掌握伺服电动机的结构和工作原理，熟悉伺服电动机的特点，能够根据实际情况进行伺服电动机的选用。

3）掌握测速发电机的结构和工作原理，熟悉测速发电机的特点，能够根据实际情况进行测速发电机的选用。

4）掌握同步电动机的结构和工作原理，熟悉同步电动机的特点，能够根据实际情况进行同步电动机的选用。

5）掌握直线电动机的结构和工作原理，熟悉直线电动机的特点，能够根据实际情况进行直线电动机的选用。

4.1 任务1 步进电动机的认知

任务描述

能够从外观识别步进电动机，掌握步进电动机的结构和工作原理，熟悉步进电动机的分类，能够根据实际工作需要选择适当的步进电动机。

步进电动机是将电脉冲信号转变为角位移或线位移的开环控制电动机，是现代数字程序控制系统中的主要执行元件，应用极为广泛。在非超载的情况下，电动机的转速、停止的位置只取决于脉冲信号的频率和脉冲数，而不受负载变化的影响。步进电动机的实物图见图4-1。

图4-1 步进电动机的实物图

4.1.1 步进电动机的原理

步进电动机是一种感应电动机，是利用电子电路，将直流电变成分时供电的，多相时序控制电流，用这种电流为步进电动机供电，步进电动机才能正常工作，驱动器就是为步进电动机分时供电的多相时序控制器。当步进驱动器接收到一个脉冲信号，它就驱动步进电动机按设定的方向转动一个固定的角度，称为"步距角"，它的旋转是以固定的角度一步一步运行的。可以通过控制脉冲个数来控制角位移量，从而达到准确定位的目的；同时可以通过控制脉冲频率来控制电动机转动的速度和加速度，从而达到调速的目的。

4.1.2 步进电动机的结构

通常电动机的转子为带齿的永磁体，当电流流过定子绕组时，定子绕组产生一矢量磁场。该磁场会带动转子旋转一角度，使得转子的一对磁场方向与定子的磁场方向一致。当定子的矢量磁场旋转一个角度。转子也随着该磁场转一个角度。每输入一个电脉冲，电动机转动一个角度前进一步。它输出的角位移与输入的脉冲数成正比、转速与脉冲频率成正比。改变绕组通电的顺序，电动机就会反转。所以可用控制脉冲数量、频率及电动机各相绕组的通电顺序来控制步进电动机的转动。步进电动机的结构图见图4-2。

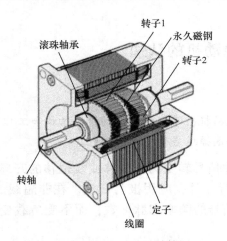

图4-2　步进电动机的结构图

4.1.3 步进电动机的主要分类

步进电动机从其结构形式上可分为反应式步进电动机、永磁式步进电动机、混合式步进电动机、单相步进电动机和平面步进电动机等多种类型，在我国所采用的步进电动机中以反应式步进电动机为主。

反应式步进电动机：定子上有绕组、转子由软磁材料组成。结构简单、成本低、步距角小，可达1.2°，但动态性能差、效率低、发热大，可靠性难保证。

永磁式步进电动机：永磁式步进电动机的转子用永磁材料制成，转子的极数与定子的极数相同。其特点是动态性能好、输出力矩大，但这种电动机精度差，步矩角大（一般为7.5°或15°）。

混合式步进电动机：混合式步进电动机综合了反应式和永磁式的优点，其定子上有多相绕组、转子上采用永磁材料，转子和定子上均有多个小齿以提高步矩精度。其特点是输出力矩大、动态性能好，步距角小，但结构复杂、成本相对较高。

步进电动机的运行性能与控制方式有密切的关系，步进电动机控制系统从其控制方式来看，可以分为开环控制系统、闭环控制系统、半闭环控制系统三类。半闭环控制系统在实际应用中一般归类于开环或闭环系统中。

按定子上绕组来分，共有二相、三相和五相等系列。应用最多的是两相混合式步进电动机，约占97%以上的市场份额，其原因是性价比高，配上细分驱动器后效果良好。

4.1.4 步进电动机的主要特点

1）一般步进电动机的精度为步进角的3% ~5%，且不累积。

2）步进电动机外表不允许过高温度。

步进电动机温度过高首先会使电动机的磁性材料退磁，从而导致力矩下降乃至于失步，因此电动机外表允许的最高温度应取决于不同电动机磁性材料的退磁点；一般来讲，磁性材料的退磁点都在130℃以上。

3）步进电动机的力矩会随转速的升高而下降。

当步进电动机转动时，电动机各相绕组的电感将形成一个反向电动势；频率越高，反向电动势越大。在它的作用下，电动机随频率（或速度）的增大而相电流减小，从而导致力矩下降。

4）步进电动机低速时可以正常运转，但若高于一定速度就无法起动，并伴有啸叫声。

步进电动机有一个技术参数：空载起动频率，即步进电动机在空载情况下能够正常起动的脉冲频率，如果脉冲频率高于该值，电动机不能正常起动，可能发生失步或堵转。在有负载的情况下，起动频率应更低。

步进电动机以其显著的特点，在数字化制造时代发挥着重大的用途。伴随着不同的数字化技术的发展以及步进电动机本身技术的提高，步进电动机将会在更多的领域得到应用。

4.1.5 步进电动机的应用范围

步进电动机在各个领域的应用都非常广泛，步进电动机广泛应用在生产实践的各个领域。它最大的应用是在数控机床的制造中，因为步进电动机不需要模拟-数字转换，能够直接将数字脉冲信号转化成为角位移，所以被认为是理想的数控机床的执行元器件。早期的步进电动机输出转矩比较小，无法满足需要，在使用中和液压扭矩放大器一同组成液压脉冲电动机。除了在数控机床上的应用，步进电动机也可以并用在其他的机械上，比如作为自动送料机中的电动机，作为通用的软盘驱动器的电动机，也可以应用在打印机和绘图仪中。

4.2 任务2 伺服电动机的认知

任务描述

能够从外观识别伺服电动机，掌握伺服电动机的结构和工作原理，熟悉伺服电动机的分类，能够根据实际工作需要选择适当的步进电动机。

伺服电动机是指在伺服系统中控制机械元器件运转的电动机。伺服电动机可使控制速度、位置精度非常准确，可以将电压信号转化为转矩和转速以驱动控制对象。伺服电动机转子转速受输入信号控制，并能快速反应，在自动控制系统中，用作执行元器件，且具有机电时间常数小、线性度高、始动电压等特性，可把所收到的电信号转换成电动机轴上的角位移或角速度输出。伺服电动机的实物图见图 4-3。

图 4-3　伺服电动机的实物图

4.2.1　交流伺服电动机原理结构

交流伺服电动机定子的构造基本上与电容分相式单相异步电动机相似，其定子上装有两个位置互差 90°的绕组，一个是励磁绕组，它始终接在交流电压上；另一个是控制绕组，联结控制信号电压。

交流伺服电动机的转子通常做成笼型，但为了使伺服电动机具有较宽的调速范围、线性的机械特性，无"自转"现象和快速响应的性能，它与普通电动机相比，应具有转子电阻大和转动惯量小这两个特点。目前应用较多的转子结构有两种形式：一种是采用高电阻率的导电材料做成的高电阻率导条的笼型转子，为了减小转子的转动惯量，转子做得细长；另一种是采用铝合金制成的空心杯形转子，杯壁很薄，仅 0.2 ~ 0.3mm，为了减小磁路的磁阻，要在空心杯形转子内放置固定的内定子。空心杯形转子的转动惯量很小，反应迅速，而且运转平稳，因此被广泛采用。

交流伺服电动机在没有控制电压时，定子内只有励磁绕组产生的脉动磁场，转子静止不动。当有控制电压时，定子内便产生一个旋转磁场，转子沿旋转磁场的方向旋转，在负载恒定的情况下，电动机的转速随控制电压的大小而变化，当控制电压的相位相反时，伺服电动机将反转。伺服电动机的结构示意图见图 4-4。

外定子　　定子线圈　　空心杯转子　内定子

图 4-4　伺服电动机的结构示意图

4.2.2　伺服电动机的分类

伺服电动机分为直流和交流两大类，其主要特点是当信号电压为零时无自转现象，转速随着转矩的增加而匀速下降。

1）直流伺服电动机分为有刷和无刷电动机两种。有刷电动机成本低，结构简单起动转矩大，调速范围宽，控制容易，需要维护，但维护不方便（换碳刷），产生电磁干扰，对环境有要求。因此它可以用于对成本敏感的普通工业和民用场合。无刷电动机体积小，重量轻，响应快，速度高，惯量小，转动平滑，力矩稳定，控制复杂，容易实现智能化，其电子换相方式灵活，可以方波换相或正弦波换相。电动机免维护，效率很高，运行温度低，电磁辐射很小，长寿命，可用于各种环境。

2）交流伺服电动机也是无刷电动机，分为同步电动机和异步电动机，目前运动控制中一般都用同步电动机，它的功率范围大，可以做到很大的功率。大惯量，最高转动速度低，且随着功率增大而快速降低。因而适合做低速平稳运行的应用。

交流伺服电动机和无刷直流伺服电动机在功能上的区别：交流伺服要好一些，因为是正弦波控制，转矩脉动小。直流伺服是梯形波。但直流伺服比较简单，便宜。

3）伺服电动机内部的转子是永磁铁，驱动器控制的 U/V/W 三相电形成电磁场，转子在此磁场的作用下转动，同时电动机自带的编码器反馈信号给驱动器，驱动器根据反馈值与目标值进行比较，调整转子转动的角度。伺服电动机的精度决定于编码器的精度（线数）。

4.2.3　伺服电动机的特点

交流伺服电动机的工作原理与分相式单相异步电动机虽然相似，但前者的转子电阻比后者大得多，所以伺服电动机与单相异步电动机相比，有 3 个显著特点。

1. 起动转矩大

由于转子电阻大，与普通异步电动机的转矩特性曲线相比，转矩特性（机械特性）更接近于线性，而且具有较大的起动转矩。

2. 无自转现象

正常运转的伺服电动机，只要失去控制电压，电动机立即停止运转。

3. 输出功率小，工作电压低

交流伺服电动机的输出功率一般是 0.1 ~ 100W。当电源频率为 50Hz，电压有 36V、110V、220V 和 380V；当电源频率为 400Hz，电压有 20V、26V、36V 和 115V 等多种。

4.2.4　伺服电动机应用范围

伺服电动机只要是有动力源的，而且对精度有要求的一般都可能涉及伺服电动机。如机床、印刷设备、包装设备、纺织设备、激光加工设备、机器人和自动化生产线等对工艺精度、加工效率和工作可靠性等要求相对较高的设备。

4.3 任务3 测速发电机的认知

任务描述

能够从外观识别测速发电机，掌握测速发电机的结构和工作原理，熟悉测速发电机的分类，能够根据实际工作需要选择适当的测速发电机。

测速发电机的绕组和磁路经精确设计，其输出电动势和转速呈线性关系。改变旋转方向时输出电动势的极性即相应改变。在被测机构与测速发电机同轴联结时，只要检测出输出电动势，就能获得被测机构的转速，故又称为速度传感器。测速发电机的实物图见图 4-5。

图 4-5　测速发电机的实物图

4.3.1　测速发电机的结构与分类

测速发电机分为直流和交流两种。

1）直流测速发电机有永磁式和电磁式两种。其结构与直流发电机相近。永磁式采用高性能永久磁钢励磁，受温度变化的影响较小，输出变化小，斜率高，线性误差小。这种电动机在 20 世纪 80 年代因新型永磁材料的出现而发展较快。电磁式采用他励式，不仅复杂且因励磁受电源、环境等因素的影响，输出电压变化较大，用得不多。

用永磁材料制成的直流测速发电机还分有限转角测速发电机和直线测速发电机。它们分别用于测量旋转或直线运动速度，其性能要求与直流测速发电机相近，但结构有些差别。

2）交流测速发电机有空心杯转子异步测速发电机、笼型转子异步测速发电机和同步测速发电机 3 种。

① 空心杯转子异步测速发电机：结构主要由内定子、外定子及在它们之间的气隙中转动的杯形转子所组成。励磁绕组、输出绕组嵌在定子上，彼此在空间相差 90° 电角度。杯形转子是由非磁性材料制成。当转子不转时，励磁后由杯形转子电流产生的磁场与输出绕组轴线垂直，输出绕组不感应电动势；当转子转动时，由杯形转子产生的磁场与输出绕组轴线重合，在输出绕组中感应的电动势大小正比于杯形转子的转速，而频率和励磁电压频率相同，与转速无关。反转时输出电压相位也相反。杯形转子是传递信号的关键，其质量好坏对性能

起很大作用。由于它的技术性能比其他类型交流测速发电机优越，结构不很复杂，同时噪声低，无干扰且体积小，是目前应用最为广泛的一种交流测速发电机。

②笼型转子异步测速发电机：与交流伺服电动机相似，因输出的线性度较差，仅用于要求不高的场合。

③同步测速发电机：以永久磁铁作为转子的交流发电机。由于输出电压和频率随转速同时变化，又不能判别旋转方向，使用不便，在自动控制系统中用得很少，主要供转速的直接测量用。空心杯转子测速发电机的结构原理示意图见图4-6。

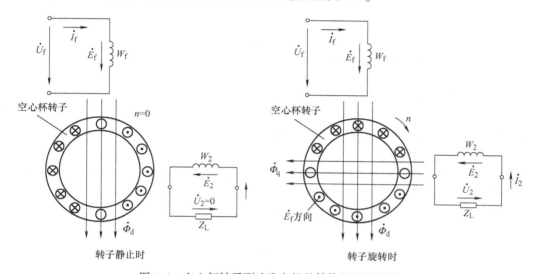

图4-6　空心杯转子测速发电机的结构原理示意图

4.3.2　应用范围

测速发电机广泛用于各种速度或位置控制系统。在自动控制系统中作为检测速度的元件，以调节电动机转速或通过反馈来提高系统稳定性和精度；在解算装置中可作为微分、积分元件，也可作为加速或延迟信号用或用来测量各种运动机械在摆动或转动以及直线运动时的速度。

4.4　任务4　同步电动机的认知

任务描述

能够从外观识别同步电动机，掌握同步电动机的结构和工作原理，熟悉同步电动机的分类，能够根据实际工作需要选择适当的同步电动机。

同步电动机与感应电动机（即异步电动机）一样是一种常用的交流电动机。同步电动机是电力系统的心脏，它是一种集旋转与静止、电磁变化与机械运动于一体，实现电能与机械能变换的元件，其动态性能十分复杂，而且其动态性能又对全电力系统的动态性能有极大影响。其最主要的优点是若电网的频率不变，则稳态时同步电动机的转速恒为常数而与负载的大小无关。同步电动机的实物图见图4-7。

图 4-7　同步电动机的实物图

4.4.1　同步电动机的原理与结构

　　励磁绕组通以直流励磁电流，建立极性相间的励磁磁场，即建立起主磁场。三相对称的电枢绕组充当功率绕组，成为感应电势或者感应电流的载体。原动机拖动转子旋转（给电动机输入机械能），极性相间的励磁磁场随轴一起旋转并顺次切割定子各相绕组（相当于绕组的导体反向切割励磁磁场）。由于电枢绕组与主磁场之间的相对切割运动，电枢绕组中将会感应出大小和方向按周期性变化的三相对称交变电势。通过引出线即可提供交流电源。由于旋转磁场极性相间，使得感应电势的极性交变；由于电枢绕组的对称性，保证了感应电势的三相对称性。同步电动机的转子结构示意图见图 4-8。

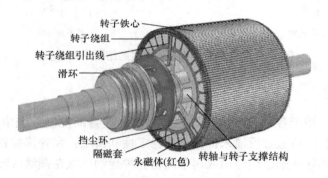

图 4-8　同步电动机的转子结构示意图

4.4.2　同步电动机的运行方式

　　同步电动机的主要运行方式有三种，即作为发电机、电动机和补偿机运行。作为发电机运行是同步电动机最主要的运行方式。

4.4.3　分类

　　根据励磁方式不同，同步电动机可以分为电励磁同步电动机和永磁同步电动机。

4.4.4　同步电动机的特点

　　稳态运行时，转子的转速和电网频率之间有不变的关系，$n_1 = 60f/p$，n_1 称为同步转速。若电网的频率不变，则稳态时同步电动机的转速恒为常数，而与负载的大小无关。

4.4.5 同步电动机的应用范围

作为电动机运行是同步电动机的另一种重要的运行方式。同步电动机的功率因数可以调节，在不要求调速的场合，应用大型同步电动机可以提高运行效率。小型同步电动机在变频调速系统中开始得到较多应用。

同步电动机还可以接于电网作为同步补偿机。这时电动机不带任何机械负载，靠调节转子中的励磁电流向电网发出所需的感性或者容性无功功率，以达到改善电网功率因数或者调节电网电压的目的。

4.5 任务5 直线电动机的认知

任务描述

能够从外观识别直线电动机，掌握直线电动机的结构和工作原理，熟悉直线电动机的分类，能够根据实际工作需要选择适当的直线电动机。

直线电动机也称为线性电动机，直线电动机可以直接输出直线运动，并不像旋转电动机一样要采用相应的机械结构转变成直线运动，因而效率较高。直线电动机的实物图见图4-9。

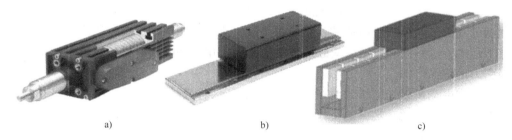

图4-9 直线电动机的实物图
a）管式 b）平板式 c）U形槽式

直线电动机的形状可以是平板式、U形槽式和管式。使用哪种构造最适合要看实际应用的规格要求和工作环境。

4.5.1 原理与结构

直线电动机是一种将电能直接转换成直线运动机械能，而不需要任何中间转换机构的传动装置。它可以看成是一台旋转电动机按径向剖开并展成平面而成。

由定子演变而来的一侧称为初级，由转子演变而来的一侧称为次级。在实际应用时，将初级和次级制造成不同的长度，以保证在所需行程范围内初级与次级之间的耦合保持不变。直线电动机可以是短初级长次级，也可以是长初级短次级。考虑到制造成本、运行费用，以直线感应电动机为例：当初级绕组通入交流电源时，便在气隙中产生行波磁场，次级在行波磁场切割下，将感应出电动势并产生电流，该电流与气隙中的磁场相作用就产生电磁推力。如果初级固定，则次级在推力作用下做直线运动；反之，则初级做直线运动。一个直线电动机应用系统不仅要有性能良好的直线电动机，还必须具有能在安全可靠的条件下实现技术与经济要求的控制系统。随着自动控制技术与微计算机技术的发展，直线电动机的控制方法越来越多。直线电动机的原理结构示意图见图4-10。

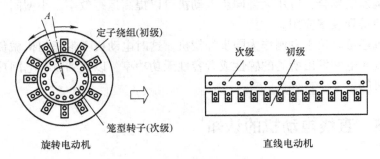

图 4-10　直线电动机的原理结构示意图

4.5.2　直线电动机的分类

1. 圆柱形

圆柱形动磁体直线电动机动子是圆柱形结构，沿固定着磁场的圆柱体运动。这种电动机是最初发现的商业应用，但是不能适用于要求节省空间的平板式和U形槽式直线电动机的场合。圆柱形动磁体直线电动机的磁路与动磁执行器相似。区别在于线圈可以复制以增加行程。典型的线圈绕组是三相组成的，使用霍尔装置实现无刷换相。推力线圈是圆柱形的，沿磁棒上下运动。这种结构不适合对磁通泄漏敏感的应用。必须小心操作保证手指不卡在磁棒和有吸引力的侧面之间。

管状直线电动机设计的一个潜在的问题出现在，当行程增加，由于电动机是完全圆柱的而且沿着磁棒上下运动，唯一的支撑点在两端。保证磁棒的径向偏差不至于导致磁体接触推力线圈的长度总会有限制。

2. U 形槽式

U形槽式直线电动机有两个介于金属板之间且都对着线圈动子的平行磁轨。这种设计的磁轨允许组合以增加行程长度，只局限于线缆管理系统可操作的长度、编码器的长度和机械构造的大而平的结构。

3. 平板

有三种类型的平板式直线电动机（均为无刷）：无槽无铁心、无槽有铁心和有槽有铁心。根据实际需要进行选择使用。

无槽无铁心电动机对要求控制速度平稳的应用是理想的，如扫描应用。

无槽有铁心平板电动机结构上和无槽无铁心电动机相似。无槽有铁心比无槽无铁心电动机有更大的推力。

有槽有铁心电动机的铁心线圈被放进一个钢结构里以产生铁心线圈单元。铁心有效增强电动机的推力输出通过聚焦线圈产生的磁场。铁心电枢和磁轨之间强大的吸引力可以被预先用作气浮轴承系统的预加载荷。这些力会增加轴承的磨损，磁铁的相位差可减少接头力。

4.5.3 直线电动机的特点

1）结构简单。管式直线电动机不需要经过中间转换机构而直接产生直线运动，使结构大大简化，运动惯量减少，动态响应性能和定位精度大大提高，同时也提高了可靠性，节约了成本，使制造和维护更加简便。

2）适合高速直线运动。因为不存在离心力的约束，普通材料也可以达到较高的速度。

3）初级绕组利用率高。在管型直线感应电动机中，初级绕组是饼式的，没有端部绕组，因而绕组利用率高。

4）无横向边缘效应。横向效应是指由于横向开断造成的边界处磁场的削弱，而圆筒型直线电动机横向无开断，所以磁场沿周向均匀分布。

5）容易克服单边磁拉力问题。径向拉力互相抵消，基本不存在单边磁拉力的问题。

6）易于调节和控制。通过调节电压或频率，或更换次级材料，可以得到不同的速度、电磁推力，适用于低速往复运行场合。

7）适应性强。直线电动机的初级铁心可以用环氧树脂封成整体，具有较好的防腐、防潮性能。

8）高加速度。这是直线电动机驱动，相比其他丝杠、同步带和齿轮齿条驱动的一个显著优势。

4.5.4 直线电动机的应用范围

直线电动机主要应用于三个方面：一是应用于自动控制系统，这类应用场合比较多；二是作为长期连续运行的驱动电动机；三是应用在需要短时间、短距离内提供巨大的直线运动能的装置中。

4.6 任务6 各种电动机之间的比较

任务描述

能够更深入地了解不同电动机之间的区别与联系，掌握各种电动机的结构特点、工作原理与特性，能够根据实际需要选择合适的电动机进行应用。

4.6.1 永磁交流伺服电动机和直流伺服电动机比较

永磁交流伺服电动机同直流伺服电动机比较的主要优点有：

1）无电刷和换向器，因此工作可靠，对维护和保养要求低。

2）定子绕组散热比较方便。

3）惯量小，易于提高系统的快速性。

4）适应于高速大力矩工作状态。

5）同功率下有较小的体积和重量。

4.6.2 伺服电动机与步进电动机的性能比较

在目前国内的数字控制系统中，步进电动机的应用十分广泛。随着全数字式交流伺服系统的出现，交流伺服电动机也越来越多地应用于数字控制系统中。为了适应数字控制的发展趋势，运动控制系统中大多采用步进电动机或全数字式交流伺服电动机作为执行电动机。虽然两者在控制方式上相似（脉冲串和方向信号），但在使用性能和应用场合上存在着较大的差异。

1. 控制精度不同

一般情况下伺服电动机的控制精度都能达到步进电动机控制精度的几十到上百倍。

2. 低频特性不同

步进电动机在低速时易出现低频振动现象。振动频率与负载情况和驱动器性能有关，一般认为振动频率为电动机空载起跳频率的一半。交流伺服电动机运转非常平稳，即使在低速时也不会出现振动现象。

3. 转矩特性不同

步进电动机的输出力矩随转速升高而下降，且在较高转速时会急剧下降，所以其最高工作转速一般在 300～600r/min。交流伺服电动机为恒力矩输出，即在其额定转速（一般为2000r/min 或 3000r/min）以内，都能输出额定转矩，在额定转速以上为恒功率输出。

4. 过载能力不同

步进电动机一般不具有过载能力。交流伺服电动机具有较强的过载能力，它具有速度过载和转矩过载能力。其最大转矩为额定转矩的 2～3 倍，可用于克服惯性负载在起动瞬间的惯性力矩。

5. 运行性能不同

步进电动机的控制为开环控制，起动频率过高或负载过大易出现丢步或堵转的现象，停止时转速过高易出现过冲的现象，所以为保证其控制精度，应处理好升、降速问题。交流伺服驱动系统为闭环控制，驱动器可直接对电动机编码器反馈信号进行采样，内部构成位置环和速度环，一般不会出现步进电动机的丢步或过冲的现象，控制性能更为可靠。

6. 速度响应性能不同

步进电动机从静止加速到工作转速（一般为每分钟几百转）需要 200～400ms。交流伺服系统的加速性能较好，有的伺服电动机从静止加速到其额定转速 3000r/min 仅需几毫秒，可用于要求快速起停的控制场合。

交流伺服系统在许多性能方面都优于步进电动机，但在一些要求不高的场合也经常用步进电动机来做执行电动机。所以，在控制系统的设计过程中要综合考虑控制要求、成本等多方面的因素，选用适当的控制电动机。

4.6.3　直流无刷伺服电动机和直流有刷伺服电动机比较

直流无刷伺服电动机特点：

转动惯量小、起动电流小、空载电流小；没有接触式换向系统，因此转速较高，最高转速高达 100000r/min；无刷伺服电动机在执行伺服控制时，无须编码器也可实现速度、位置、扭矩等的控制；不存在电刷磨损情况，除转速高之外，还具有寿命长、噪音低、无电磁干扰等特点。

直流有刷伺服电动机特点：

1）体积小、动作快反应快、过载能力大、调速范围宽；

2）低速力矩大，波动小，运行平稳；

3）低噪音，高效率；

4）后端编码器反馈（选配）构成直流伺服等优点；

5）变压范围大，频率可调。

4.6.4 伺服电动机和普通电动机之间的比较

1）精度：实现了位置、速度和力矩的闭环控制；克服了步进电动机失步的问题。

2）转速：高速性能好，一般额定转速能达到 2000～3000r/min。

3）适应性：抗过载能力强，能承受 3 倍于额定转矩的负载，对有瞬间负载波动和要求快速起动的场合特别适用。

4）稳定：低速运行平稳，低速运行时不会产生类似于步进电动机的步进运行现象。适用于有高速响应要求的场合。

5）及时性：电动机加减速的动态反应时间短，一般在几十毫秒之内。

6）舒适性：发热和噪声明显降低。

简单来说就是：平常看到的那种普通的电动机，断电后它还会因为自身的惯性再转一会儿，然后停下。而伺服电动机和步进电动机是说停就停，说走就走，反应极快。但步进电动机存在失步现象。

4.6.5 直线电动机与旋转电动机的比较

1）结构简单，由于直线电动机不需要把旋转运动变成直线运动的附加装置，因而使得系统本身的结构大为简化，重量和体积大大地下降；

2）定位精度高，在需要直线运动的地方，直线电动机可以实现直接传动，因而可以消除中间环节所带来的各种定位误差，故定位精度高，如采用微型计算机控制，则还可以大大地提高整个系统的定位精度；

3）反应速度快、灵敏度高，随动性好。直线电动机容易做到其动子用磁悬浮支撑，因而使得动子和定子之间始终保持一定的气隙而不接触，这就消除了定、动子间的接触摩擦阻力，因而大大地提高了系统的灵敏度、快速性和随动性；

4）工作安全可靠、寿命长。直线电动机可以实现无接触传递力，机械摩擦损耗几乎为零，所以故障少，免维修，因而工作安全可靠、寿命长。

4.6.6 同步电动机与异步电动机的比较

1. 同步电动机与异步电动机设计上的区别

同步电动机和异步电动机最大的区别在于它们的转子速度与定子旋转磁场是否一致，电动机的转子速度与定子旋转磁场相同，叫作同步电动机，反之，则叫作异步电动机。

另外，同步电动机与异步电动机的定子绕组是相同的，区别在于电动机的转子结构。异步电动机的转子是短路的绕组，靠电磁感应产生电流。而同步电动机的转子结构相对复杂，有直流励磁绕组，因此需要外加励磁电源，通过滑环引入电流；因此同步电动机的结构相对比较复杂，造价、维修费用也相对较高。

2. 同步电动机与异步电动机无功功率方面的区别

相对于异步电动机只能吸收无功功率，同步电动机可以发出无功功率，也可以吸收无功功率。

3. 同步电动机与异步电动机在功能、用途上的区别

同步电动机转速与电磁转速同步，而异步电动机的转速则低于电磁转速，同步电动机不论负载大小，只要不失步，转速就不会变化，异步电动机的转速时刻跟随负载大小的变化而变化。

同步电动机的精度高，但造工复杂、造价高、维修相对困难，而异步电动机虽然反应慢，但易于安装、使用，同时价格便宜。所以同步电动机没有异步电动机应用广泛。

同步电动机多应用于大型发电机，而异步电动机几乎应用在电动机场合。

4.7　习题

1. 简答题
1）要求高速运转且控制精准的场合适合选用哪种电动机？
2）想要测量速度可以采用哪种电动机？
3）在德玛吉加工中心，工件旋转中被换向夹持应该采用哪种电动机？
4）一般磁悬浮列车采用哪种电动机作为动力来源？
5）常见的石英钟带动表针运转的是什么电动机？
2. 填空题
1）测速发电机发出的是（　　）电。
2）步进电动机的转子是（　　）做的。
3）典型的伺服电动机的转子是（　　）做的。

项目5 常用低压电器的使用

学习目标:

1）了解常见低压电器的种类，熟悉低压电器的用途。

2）能够识别常见的主令电器，熟悉主令电器原理与结构，了解主令电器的分类，能够根据实际情况进行选择和使用。

3）能够识别常见的熔断器，熟悉熔断器原理与结构，了解熔断器的分类，能够根据实际情况进行选择和使用。

4）能够识别常见的继电器，熟悉继电器原理与结构，了解继电器的分类，能够根据实际情况进行选择和使用。

5）能够识别常见的接触器，熟悉接触器原理与结构，了解接触器的分类，能够根据实际情况进行选择和使用。

6）能够识别常见的低压断路器，熟悉低压断路器原理与结构，了解低压断路器的分类，能够根据实际情况进行选择和使用。

5.1 任务1 低压电器的总体认知

任务描述

能够了解常见的低压电器，熟悉各自的分类，能够根据实际需要选择合适的低压电器来完成工作任务。

5.1.1 常用低压电器的分类

常用低压电器的主要种类和用途如表5-1所示。

表5-1 常用低压电器的主要种类及用途

序 号	类 别	主要品种	用 途
1	断路器	塑料外壳式断路器	主要用于电路的过载保护、短路、欠电压、漏电保护，也可用于不频繁接通和断开的电路
		框架式断路器	
		限流式断路器	
		漏电保护式断路器	
		直流快速断路器	
2	刀开关	开关板用刀开关	主要用于电路的隔离，有时也能分断负荷
		负荷开关	
		熔断器式刀开关	
3	转换开关	组合开关	主要用于电源切换，也可用于负荷通断或电路的切换
		换向开关	

95

序　号	类　别	主要品种	用　　途
4	主令电器	按钮	主要用于发布命令或程序控制
		限位开关	
		微动开关	
		接近开关	
		万能转换开关	
5	接触器	交流接触器	主要用于远距离频繁控制负荷，切断带负荷电路
		直流接触器	
6	起动器	磁力起动器	主要用于电动机的起动
		星三角起动器	
		自耦减压起动器	
7	控制器	凸轮控制器	主要用于控制回路的切换
		平面控制器	
8	继电器	电流继电器	主要用于控制电路中，将被控量转换成控制电路所需电量或开关信号
		电压继电器	
		时间继电器	
		中间继电器	
		温度继电器	
		热继电器	
9	熔断器	有填料熔断器	主要用于电路短路保护，也用于电路的过载保护
		无填料熔断器	
		半封闭插入式熔断器	
		快速熔断器	
		自复熔断器	
10	电磁铁	制动电磁铁	主要用于起重、牵引和制动等地方
		起重电磁铁	
		牵引电磁铁	

5.1.2　常用低压电器的主要功能

低压电器能够依据操作信号或外界现场信号的要求，自动或手动地改变电路的状态、参数，实现对电路或被控对象的控制、保护、测量、指示和调节。低压电器的作用如下所述。

1）控制作用：如电梯的上下移动、快慢速自动切换与自动停止等，如按钮等。

2）保护作用：能根据设备的特点，对设备、环境以及人身实行自动保护，如电动机的过热保护、电网的短路保护、漏电保护等，如熔断器和断路器等。

3）测量作用：利用仪表及与之相适应的电器，对设备、电网或其他非电参数进行测量，如电流、电压、功率、转速、温度和湿度等，如速度继电器、液位继电器等。

4）调节作用：低压电器可对一些电量和非电量进行调整，以满足用户的要求，如柴油机油门的调整、房间温湿度的调节、照度的自动调节等，如继电器等。

5）指示作用：利用低压电器的控制、保护等功能，检测出设备运行状况与电气电路工作情况，如绝缘监测、保护掉牌指示等，如指示灯等。

6）转换作用：在用电设备之间转换或对低压电器、控制电路分时投入运行，以实现功能切换，如励磁装置手动与自动的转换，供电的市电与自备电的切换等，如刀开关和断路器等。

对低压配电电器要求是灭弧能力强、分断能力好、热稳定性能好、限流准确等。对低压控制电器，则要求其动作可靠、操作频率高、寿命长并具有一定的负载能力。

当然，低压电器作用远不止这些，随着科学技术的发展，新功能、新设备会不断出现。

5.2 任务2 主令电器的选择与使用

任务描述

能够识别各种主令电器，熟悉常见的分类，掌握主令电器的结构组成和工作原理，熟悉其特点，能够根据实际需要选择合适的主令电器来完成工作任务。

5.2.1 按钮的选择与使用

按钮是一种常用的控制电器，常用来接通或断开控制电路，从而控制电动机或其他电气设备运行的一种开关。按钮的实物图见图5-1。

图 5-1 按钮的实物图

1. 按钮的工作原理

按钮是一种人工控制的主令电器。主要用来发布操作命令，接通或开断控制电路，控制机械与电气设备的运行。按钮的工作原理很简单，对于动合（常开）触点，在按钮未被按下前，电路是断开的，按下按钮后，动合（常开）触点被连通，电路也被接通；对于动分

（常闭）触点，在按钮未被按下前，触点是闭合的，按下按钮后，触点被断开，电路也被分断。由于控制电路工作的需要，一只按钮还可带有多对同时动作的触点。

2. 按钮的结构组成

按钮由按钮、动作触点、复位弹簧和外壳组成，是一种电气主控元器件。按钮的结构示意图见图 5-2。按钮的图形符号见图 5-3。

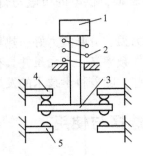

图 5-2　按钮的结构示意图

1—操作头　2—复位弹簧　3—动触点　4—常闭触点　5—常开触点

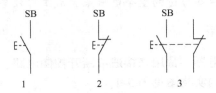

图 5-3　按钮的图形符号

1—常开触点　2—常闭触点　3—复式触点

3. 按钮的分类

1）动合（常开）按钮：开关触点常态是断开的按钮。

2）动分（常闭）按钮：开关触点常态是接通的按钮。

3）动合（常开）动分（常闭）按钮：开关触点既有接通也有断开的按钮。

4）急停按钮：可以用手拍方式操作，复位需要旋转实现。

5）钥匙按钮：有专用钥匙才可以操作的按钮。

按钮还可以按颜色或者是否能锁定或者自带指示灯等其他因素进行分类。

4. 按钮的主要技术参数和型号

1）额定电压：长期工作时和分断后能够耐受的电压，其量值一般等于或大于电气设备的额定电压。

2）额定电流：能长期通过的电流。

3）安装尺寸。

4）机械寿命和电气寿命。

按钮的典型型号：LAAB－CDE，其中，L 代表主令电器，A 代表按钮，A 代表设计序号，B 代表动合触点数，C 代表动断触点数，D 代表结构形式。

5. 按钮的选择

一般情况下，可以根据实际需要选择，首先选择能否锁定，其次选择容量，再次选择尺寸、形状与颜色等相关条件即可。

5.2.2 万能转换开关

万能转换开关主要适用于交流 50Hz、额定工作电压 380V 及以下、直流电压 220V 及以下，额定电流低于 160A 的电气线路中，万能转换主要用于各种控制线路的转换，电压表、电流表的换相测量控制，配电装置线路的转换和遥控等。万能转换开关还可以用于直接控制小容量电动机的起动、调速和换向。万能转换开关的实物图见图 5-4。

图 5-4　万能转换开关的实物图

1. 万能转换开关结构组成

万能转换开关是由多组相同结构的触点组件叠装而成的多回路控制电器。它由操作机构、定位装置、触点、接触系统、转轴和手柄等部件组成。

触点是在绝缘基座内，为双断点触点桥式结构，动触点设计成自动调整式以保证通断时的同步性，静触点装在触点座内。使用时依靠凸轮和支架进行操作，控制触点的闭合和断开。

2. 万能转换开关的工作原理

通过用手柄带动转轴和凸轮推动触点接通或断开。由于凸轮的形状不同，当手柄处在不同位置时，触点的吻合情况不同，从而达到转换电路的目的。

5.2.3 行程开关

行程开关是位置开关（又称为限位开关）的一种，是一种常用的小电流主令电器，利用生产机械运动部件的碰撞使其触点动作来实现接通或分断，达到一定的控制目的。通常，这类开关被用来限制机械运动的位置或行程，使运动机械按一定位置或行程自动停止、反向运动、变速运动或自动往返运动等。行程开关的实物图见图 5-5。

1. 行程开关的工作原理

行程开关是一种根据运动部件的行程位置而切换电路的电器，将行程开关安装在预先安排的位置，当装于生产机械运动部件上的模块撞击行程开关时，行程开关的触点动作，实现电路的切换。

图 5-5　行程开关的实物图

2. 行程开关的结构与分类

直动式行程开关由推杆、弹簧、动断触点、动合触点和外壳等组成。

滚轮式行程开关由滚轮、上转臂、弹簧、套架、滑轮、压板、动断触点、动合触点、横板和外壳等组成。行程开关的结构示意图见图5-6。行程开关的图形符号见图5-7。

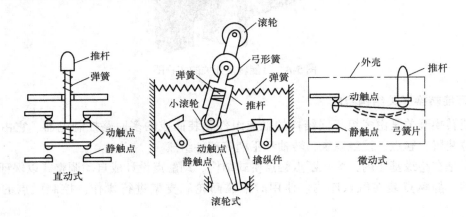

图 5-6　行程开关的结构示意图

图 5-7　行程开关的图形符号

3. 行程开关的主要技术参数及型号

1）额定电压：长期工作时和分断后能够耐受的电压，其量值一般等于或大于电气设备的额定电压。

2）额定电流：能长期通过的电流。

3）安装尺寸。

4）机械寿命和电气寿命。

行程开关的典型型号：LX A－BC，其中，L 代表主令电器，X 代表行程开关，A 代表设计序号，B 代表操作机构形式，C 代表外壳形式。

4. 行程开关的选择

一般情况下，首先根据工作现场的情况选择触点的结构形式，然后选择电压、电流等相关指标。

5.2.4 刀开关

刀开关又称为隔离开关，它是手控电器中最简单而且使用较广泛的一种低压电器，一般用于电路检修时的彻底断电。刀开关的实物图见图 5-8。

1. 刀开关结构

刀开关是带有动触点——闸刀，并通过它与底座上的静触点——刀夹座相楔合（或分离），以接通（或分断）电路的一种开关。刀开关的图形符号见图 5-9。

图 5-8　刀开关的实物图

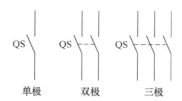

图 5-9　刀开关的图形符号

2. 刀开关主要参数及型号

1）额定绝缘电压即最大额定工作电压。

2）额定工作电流。

3）额定工作制：分为 8h 工作制、不间断工作制两种。

4）使用类别：根据操作负载的性质和操作的频繁程度分类。按操作频繁程度分为 A 类和 B 类，A 类为正常使用的，B 类则为操作次数不多的，如只用作隔离开关的；按操作负载性质分类很多，如操作空载电路、通断电阻性电路和操作电动机负载等。

5）额定通断能力：有通断能力的开关电器额定通断最大允许电流。

6）额定短时耐受电流。

7）有短路接通能力电器的短路接通能力。

8）额定（限制）短路电流。

9）操作性能：根据不同使用类别，在额定工作电流条件下的操作循环次数。

开启式负荷开关的典型型号：HK A－B/C，其中，HK 代表开启式负荷开关，A 代表设计序号，B 代表额定电流，C 代表极数。

封闭式负荷开关的典型符号：HH A－B/C，其中，HH 代表封闭式负荷开关，A 代表设计序号，B 代表额定电流，C 代表极数。

3. 刀开关的分类

1）根据工作原理、使用条件和结构形式的不同，刀开关可分为闸刀开关、刀形转换开关、开启式负荷开关（胶盖瓷底刀开关）、封闭式负荷开关（铁壳开关）、熔断器式刀开关和组合开关等。

2）根据刀的极数和操作方式，刀开关可分为单极、双极和三极。常用的三极开关额定电流有100A、200A、400A、600A、1000A等。通常，除特殊的大电流刀开关由电动机操作外，一般都采用手动操作方式。

其中以熔断体作为动触点的称为熔断器式刀开关，简称为刀熔开关。

采用刀开关结构形式的称为刀形转换开关。

采用叠装式触点元件组合成旋转操作的称为组合开关。

带有外壳且具有储能连锁机构，应用特点是不开壳不能断电、开壳时不能通电的大型开关称为铁壳开关，铁壳开关安全性较高。

4. 刀开关的选用

刀开关的选用主要依据控制回路的电压、电流、开关极数以及是否集成熔断器等因素进行选择。

5.3 任务3 熔断器的选择与使用

任务描述

能够识别各种熔断器，熟悉常见的分类，掌握熔断器的结构组成和工作原理，熟悉其特点，能够根据实际需要选择合适的熔断器来完成工作任务。

熔断器是指当电流超过规定值时，以本身产生的热量使熔体熔断，断开电路的一种电器。熔断器是根据电流超过规定值一段时间后，以其自身产生的热量使熔体熔化，从而使电路断开，运用这种原理制成的一种过电流保护器。熔断器广泛应用于高低压配电系统和控制系统以及用电设备中，作为短路和过电流的保护器，是应用最普遍的保护器件之一。熔断器的实物图见图5-10。

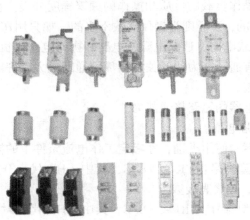

图5-10　熔断器的实物图

5.3.1 熔断器的工作原理

利用金属导体作为熔体串联于电路中，当过载或短路电流通过熔体时，因其自身发热而熔断，从而分断电路的一种电器。熔断器结构简单，使用方便，广泛用于电力系统、各种电工设备和家用电器中作为保护器件。

5.3.2 熔断器常见结构与分类

1）插入式熔断器：它常用于380V及以下电压等级的线路末端，作为配电支线或电气设备的短路保护用。

2）螺旋式熔断器：熔体上的上端盖有一熔断指示器，一旦熔体熔断，指示器马上弹出，可透过瓷帽上的玻璃孔观察到，它常用于机床电气控制设备中。螺旋式熔断器。分断电流较大，可用于电压等级500V及其以下、电流等级200A以下的电路中，作短路保护。

3）封闭式熔断器：封闭式熔断器分有填料熔断器和无填料熔断器两种，有填料熔断器一般用方形瓷管，内装石英砂及熔体，分断能力强，用于电压等级500V以下、电流等级1kA以下的电路中。无填料密闭式熔断器将熔体装入密闭式圆筒中，分断能力稍小，用于500V以下，600A以下电力网或配电设备中。

4）快速熔断器：快速熔断器主要用于半导体整流元器件或整流装置的短路保护。由于半导体元器件的过载能力很低。只能在极短时间内承受较大的过载电流，因此要求短路保护具有快速熔断的能力。快速熔断器的结构和有填料封闭式熔断器基本相同，但熔体材料和形状不同，它是以银片冲制的有V形深槽的变截面熔体。

5）自复熔断器：采用金属钠作熔体，在常温下具有高电导率。当电路发生短路故障时，短路电流产生高温使钠迅速汽化，汽态钠呈现高阻态，从而限制了短路电流。当短路电流消失后，温度下降，金属钠恢复原来的良好导电性能。自复熔断器只能限制短路电流，不能真正分断电路。其优点是不必更换熔体，能重复使用。熔断器的结构示意图见图5-11。熔断器的图形符号见图5-12。

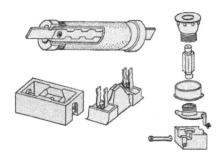

图5-11 熔断器的结构示意图

图5-12 熔断器的图形符号

5.3.3 主要参数及型号

1）额定电压：熔断器长期工作时和分断后能够耐受的电压，其量值一般等于或大于电气设备的额定电压。

2）额定电流：熔断器能长期通过的电流，它决定于熔断器各部分长期工作时的容许温升。

3）极限分断能力：熔断器在故障条件下能可靠的分断最大短路电流，它是熔断器的主要技术指标之一。

熔断器的典型型号：R ABC - D/E，其中 R 代表熔断器，A 代表形式，B 代表设计序号，C 代表结构改进序号，D 代表熔断器额定电流，E 代表溶体额定电流。

5.3.4　熔断器的选择

主要依据负载的保护特性和短路电流的大小选择熔断器的类型。对于容量小的电动机和照明支线，常采用熔断器作为过载及短路保护，因而希望熔体的熔化系数适当小些。通常选用铅锡合金熔体的 RQA 系列熔断器。对于较大容量的电动机和照明干线，则应着重考虑短路保护和分断能力。通常选用具有较高分断能力的 RM10 和 RL1 系列的熔断器；当短路电流很大时，宜采用具有限流作用的 RT0 和 RTl2 系列的熔断器。具体情况如下。

1）照明电路　熔体额定电流≥被保护电路上所有照明电器工作电流之和。

2）电动机：①单台直接起动电动机　熔体额定电流 = （1.5 ~ 2.5）×电动机额定电流。②多台直接起动电动机　总保护熔体额定电流 = （1.5 ~ 2.5）×各台电动机电流之和。③减压起动电动机　熔体额定电流 = （1.5 ~ 2）×电动机额定电流。④绕线式电动机　熔体额定电流 = （1.2 ~ 1.5）×电动机额定电流。

3）配电变压器低压侧　熔体额定电流 = （1.0 ~ 1.5）×变压器低压侧额定电流。

4）并联电容器组　熔体额定电流 = （1.43 ~ 1.55）×电容器组额定电流。

5）电焊机　熔体额定电流 = （1.5 ~ 2.5）×负荷电流。

6）电子整流元件　熔体额定电流≥1.57×整流元器件额定电流。

5.4　任务4　继电器的选择与使用

任务描述

能够识别各种继电器，熟悉常见的分类，掌握继电器的结构组成和工作原理，熟悉其特点，能够根据实际需要选择合适的继电器来完成工作任务。

5.4.1　普通继电器

继电器是一种电气控制器件，是当输入量的变化达到规定要求时，在电气输出电路中使被控量发生预定的阶跃变化的一种电器。它具有控制系统和被控制系统之间的互动关系。通常应用于自动化的控制电路中，它实际上是用小电流去控制大电流运作的一种"自动开关"。继电器的实物图见图 5-13。

1. 普通继电器的原理

继电器利用电磁铁产生动力的原理来实现动静触点的动作，进而控制回路的通断变化，功能复杂的继电器还可以根据各种输入量的变化进行时间控制、速度控制，还可以实现过载保护等功能。

图 5-13　继电器的实物图

2. 普通继电器的结构

电磁继电器由驱动部分（输入部分）、运动部分和输出部分组成。输入部分是由线圈和衔铁组成的电磁回路。运动部分由推杆或簧片及可动铁片组成。输出部分由端子和触点组成。电磁继电器的最大优点是输入部分和输出部分是完全绝缘的，并且可以承受 2kV 以上的电压，缺点是组成继电器的零部件多，成本比较高，而且容易发生故障。

3. 继电器的主要分类及型号

1）电磁继电器：利用输入电路内电路在电磁铁铁心与衔铁间产生的吸力作用而工作的一种电气继电器。

2）固体继电器：指电子元器件履行其功能而无机械运动构件的，输入和输出隔离的一种继电器。

3）温度继电器：当发热元器件达到给定值时而动作的继电器。

4）舌簧继电器：利用密封在管内，具有触点簧片和衔铁磁路双重作用的舌簧动作来开，闭或转换线路的继电器。

5）时间继电器：当加上或除去输入信号时，输出部分需延时或限时到规定时间才闭合或断开其被控线路继电器。

6）其他类型的继电器：如光继电器、声继电器、热继电器、仪表式继电器、霍尔效应继电器、差动继电器和液位继电器等。

继电器的典型型号：JAB－CDE，其中 J 代表继电器，A 代表种类，B 代表设计序号，C 代表动合触点数，D 代表动断触点数，E 代表辅助说明。

5.4.2　热继电器

继电器作为电动机的过载保护元器件，以其体积小、结构简单和成本低等优点在生产中得到了广泛应用。热继电器的实物图见图 5-14。

图 5-14　热继电器的实物图

1. 热继电器原理

热继电器的工作原理是由流入热元件的电流产生热量，使有不同膨胀系数的双金属片发生形变，当形变达到一定距离时，就推动连杆动作，使控制电路断开，从而使接触器失电，主电路断开，实现电动机的过载保护。

2. 热继电器的结构

它由发热元件、双金属片、触点及一套传动和调整机构组成。发热元件是一段阻值不大的电阻丝，串接在被保护电动机的主电路中。双金属片由两种不同热膨胀系数的金属片辗压而成。图 5-15 所示的双金属片，下层一片的热膨胀系数大，上层的小。当电动机过载时，通过发热元件的电流超过整定电流，双金属片受热向上弯曲脱离扣板，使动分（常闭）触点断开。由于动分（常闭）触点是接在电动机的控制电路中的，它的断开会使得与其相接的接触器线圈断电，从而接触器主触点断开，电动机的主电路断电，实现了过载保护。

热继电器动作后，双金属片经过一段时间冷却，按下复位按钮即可复位。热继电器的结构示意图见图 5-15。热继电器的图形符号见图 5-16。

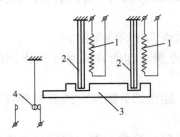

图 5-15　热继电器的结构示意图
1—热元件　2—双金属片　3—导板　4—触点复位

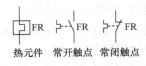

图 5-16　热继电器的图形符号

3. 热继电器的主要技术参数及型号

额定电压：热继电器能够正常工作的最高的电压值，一般为交流 220V、380V、600V。

额定电流：热继电器的额定电流主要是指通过热继电器的电流。

额定频率：一般而言，其额定频率按照 45~62Hz 设计。

整定电流范围：整定电流的范围由本身的特性来决定。它描述的是在一定的电流条件下热继电器的动作时间和电流的平方成反比。

热继电器典型型号：JRA - B/CD，其中 J 代表继电器，R 代表热，A 代表设计序号，B 代表额定电流，C 代表极数，D 代表是否有断相保护。

4. 热继电器的选择

热继电器主要用于保护电动机的过载，因此选用时必须了解电动机的情况，如工作环境、起动电流、负载性质、工作制和允许过载能力等。

1）原则上应使热继电器的特性尽可能接近甚至重合电动机的过载特性，或者在电动机的过载特性之下，同时在电动机短时过载和起动的瞬间，热继电器应不受影响（不动作）。

2）当热继电器用于保护长期工作制或间断长期工作制的电动机时，一般按电动机的额定电流来选用。例如，热继电器的整定值可等于 0.95~1.05 倍的电动机的额定电流，或者取热继电器整定电流的中值等于电动机的额定电流，然后进行调整。

3）当热继电器用于保护反复短时工作制的电动机时，热继电器仅有一定范围的适应性。如果短时间内操作次数很多，就要选用带速饱和电流互感器的热继电器。

4）对于正反转和通断频繁的特殊工作制电动机，不宜采用热继电器作为过载保护装置，而应使用埋入电动机绕组的温度继电器或热敏电阻来保护。

5.4.3 速度继电器的选择和使用

速度继电器（转速继电器）又称为反接制动继电器。速度继电器主要用于三相异步电动机反接制动的控制电路中，它的任务是当三相电源的相序改变以后，产生与实际转子转动方向相反的旋转磁场，从而产生制动力矩。因此，使电动机在制动状态下迅速降低速度。在电动机转速接近零时立即发出信号，切断电源使之停车（否则电动机开始反方向起动）。速度继电器的实物图见图5-17。

图5-17 速度继电器的实物图

1. 工作原理与结构

它的转子是一个永久磁铁，与电动机或机械轴连接，随着电动机旋转而旋转。转子与笼型转子相似，内有短路条，它也能围绕着转轴转动。当转子随电动机转动时，它的磁场与定子短路条相切割，产生感应电势及感应电流，这与电动机的工作原理相同，故定子随着转子转动而转动起来。定子转动时带动杠杆，杠杆推动触点，使之闭合与分断。当电动机旋转方向改变时，继电器的转子与定子的转向也改变，这时定子就可以触动另外一组触点，使之分断与闭合。当电动机停止时，继电器的触点即恢复原来的静止状态。

由于继电器工作时是与电动机同轴的，不论电动机正转或反转，电器的两个动合（常开）触点，就有一个闭合，准备实行电动机的制动。一旦开始制动时，由控制系统的联锁触点和速度继电器备用的闭合触点，形成一个电动机相序反接电路，使电动机在反接制动下停车。而当电动机的转速接近零时，速度继电器的制动动合（常开）触点分断，从而切断电源，使电动机制动状态结束。速度继电器的结构示意图见图5-18。速度继电器的图形符号见图5-19。

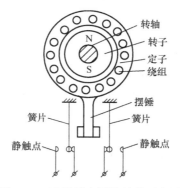

图5-18 速度继电器的结构示意图

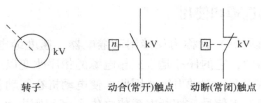

转子   动合(常开)触点   动断(常闭)触点

图 5-19　速度继电器的图形符号

2. 速度继电器的型号及应用

速度继电器典型型号：JABC‐D，其中 J 代表继电器，A 代表应用电路原理，B 应用电路名称，C 代表设计序号，D 代表转速等级。

速度继电器应用广泛，可以用来监测船舶、火车的内燃机引擎，以及气体、水和风力涡轮机，还可以用于造纸业、箔的生产和纺织业生产上。在船用柴油机以及很多柴油发电动机组的应用中，速度继电器作为一个二次安全回路，当紧急情况产生时，迅速关闭引擎。

5.4.4　时间继电器

时间继电器是一种利用电磁原理或机械原理实现延时控制的控制电器。时间继电器的实物图见图 5-20。

空气阻尼式　　　　　　　电动式　　　　　　　电子式

图 5-20　时间继电器的实物图

1. 空气阻尼时间继电器的原理

在交流电路中常采用空气阻尼型时间继电器，它是利用空气通过小孔节流的原理来获得延时动作的。它由电磁系统、延时机构和触点三部分组成。空气阻尼型时间继电器的延时范围不太大（有 0.4~60s 和 0.4~180s 两种），它结构简单，但准确度较低，容易受到气压变化的影响。

2. 空气阻尼时间继电器的结构和运行

当线圈通电时，衔铁及托板被铁心吸引而瞬时下移，使瞬时动作触点接通或断开。但是活塞杆和杠杆不能同时跟着衔铁一起下落，因为活塞杆的上端连着气室中的橡皮膜，当活塞杆在释放弹簧的作用下开始向下运动时，橡皮膜随之向下凹，上面空气室的空气变得稀薄而使活塞杆受到阻尼作用而缓慢下降。经过一定时间，活塞杆下降到一定位置，便通过杠杆推动延时触点动作，使动断触点断开，动合触点闭合。从线圈通电到延时触点完成动作，这段时间就是继电器的延时时间。延时时间的长短可以用螺钉调节空气室进气孔的大小来改变。吸引线圈断电后，继电器依靠恢复弹簧的作用而复原。空气经出气孔被迅速排出，为下次工作做好准备。空气阻尼时间继电器的结构示意图见图 5-21。时间继电器的图形符号见图 5-22。

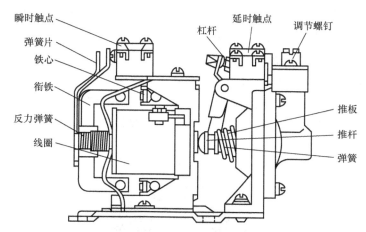

图 5-21　空气阻尼时间继电器的结构示意图

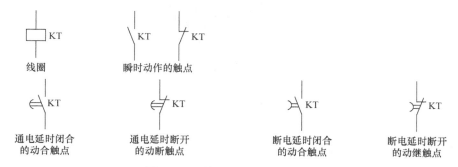

图 5-22　时间继电器的图形符号

3. 时间继电器的分类及型号

1）按结构分为空气阻尼型、电动型和电子型。

2）按延时方式分为通电延时时间继电器和断电延时时间继电器。

时间继电器的典型型号：JSAB - CD/E，其中 J 代表继电器，S 代表时间，A 代表种类，B 代表设计序号，C 代表延时范围，D 代表基本规格，E 代表安装方式。

4. 时间继电器的选用

选用时间继电器时应考虑延时方式（通电延时或断电延时）、延时范围、延时精度要求、外形尺寸、安装方式和价格等因素。常用的时间继电器有空气阻尼式、电磁式、电动式及晶体管式和数字时间继电器等。在延时精度要求不高且电源电压波动大的场合，宜选用价格较低的电磁式或空气阻尼式时间继电器。当延时范围大，延时精度较高时，可选用电动式或晶体管式时间继电器，延时精度要求更高时，可选用数字式时间继电器，同时也要注意线圈电压等级能否满足控制电路的要求。

5.5　任务5　接触器的选择和使用

任务描述

能够识别各种接触器，熟悉常见的分类，掌握接触器的结构组成和工作原理，熟悉其特点，能够根据实际需要选择合适的接触器来完成工作任务。

接触器是可快速切断或接通交流与直流主回路的装置，所以经常运用于控制电动机通断电，也可用作控制工厂设备、电热器、工作母机和各样电力机组等电力负载，接触器不仅能接通和切断电路，而且还具有低电压释放保护作用。接触器控制容量大，适用于频繁操作和远距离控制，是自动控制系统中的重要元件之一。接触器的实物图见图5-23。

图5-23　接触器的实物图

5.5.1　接触器的工作原理

接触器的工作原理是：当接触器线圈通电后，线圈电流会产生磁场，产生的磁场使静铁心产生电磁吸力吸引动铁心，并带动交流接触器点动作，动分（常闭）触点断开，动合（常开）触点闭合，两者是联动的。当线圈断电时，电磁吸力消失，衔铁在释放弹簧的作用下释放，使触点复原，动合（常开）触点断开，动分（常闭）触点闭合。直流接触器的工作原理跟温度开关的原理有点相似。

5.5.2　接触器的主要结构

电磁系统主要由磁路和电路两部分组成，磁路由铁心和衔铁组成，电路由线圈组成。

触点系统主要由主触点和辅助触点两部分组成。

灭弧系统由灭弧室和灭弧栅组成，小容量的接触器没有灭弧结构。接触器的结构示意图见图5-24。接触器的图形符号见图5-25。

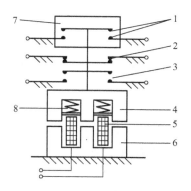

图 5-24 接触器的结构示意图

1—主触点 2—常闭辅助触点 3—常开辅助触点 4—动铁心（衔铁） 5—电磁线圈

6—静铁心 7—灭弧罩 8—弹簧

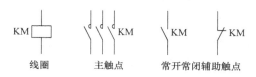

图 5-25 接触器的图形符号

5.5.3 接触器的主要分类

1）按主触点连接回路的形式分为直流接触器和交流接触器。

2）按操作机构分为电磁式接触器和永磁式接触器。

3）永磁交流接触器是利用磁极的同性相斥，用永磁驱动机构取代传统的电磁铁驱动机构而形成的一种微功耗接触器。

5.5.4 接触器的主要参数及型号

1）额定关合电流：接触器是馈电回路的操作元件，主要负责回路的正常操作，当接触器两个触点即将合上而电流即将导通的瞬间，会有一个电弧在触点之间出现，接触器应当能够承受这个电弧冲击至少 30 万次还能正常关合。一般来讲，这个电流就是接触器的额定电流，也有略大于额定电流的。

2）额定开断能力：接触器在开断回路电流的时候，两个正在分离的触点之间会产生电弧。接触器有灭弧装置，能够断开这个电弧。但是回路也会有故障，接触器也会产生断开故障电流的时候，此时的开断电弧将更大，而接触器能够开断的最大电流叫作额定开断能力。

3）额定短时耐受电流：这是一个热稳定的概念。看接触器能够承受一个时间段的最大电流，这个时间一般是 1s，接触器应当能够承受这个电流在这段时间内产生的热量。

4）额定峰值耐受电流：这是一个动稳定的概念。接触器能够承受电流产生的电动力作用而不损坏的最大值，由于最大电动力与电流峰值成正比，所以用峰值电流来表示。

5）接触器用于有电压的回路上，所以要能够承受这个电压的长期作用，因此用工频耐受电压来衡量其能够工作的电压水平。

6）安装尺寸。

7）机械寿命和电气寿命。

交流接触器的典型型号：CJ AB－CD/E，其中CJ代表交流接触器，A代表设计序号，B代表派生代号，C代表额定电流，D代表派生代号，E代表额定工作电压。

5.5.5 接触器的选用

接触器作为通断负载电源的设备，接触器的选用应按满足被控制设备的要求进行，除额定工作电压与被控设备的额定工作电压相同外，被控设备的负载功率、使用类别、控制方式、操作频率、工作寿命、安装方式、安装尺寸以及经济性是选择的依据。

1）交流接触器的电压等级要和负载相同，选用的接触器类型要和负载相适应。

2）负载的计算电流要符合接触器的容量等级，即计算电流小于等于接触器的额定工作电流。接触器的接通电流大于负载的起动电流，分断电流大于负载运行时分断需要电流，负载的计算电流要考虑实际工作环境和工况。

3）接触器吸引线圈的额定电压、电流及辅助触头的数量、电流容量应满足控制回路接线要求。要考虑接在接触器控制回路的线路长度，一般推荐的操作电压值，接触器要能够在85%～110%的额定电压值下工作。如果线路过长，由于电压降太大，接触器线圈对合闸指令有可能不起反应；由于线路电容太大，可能对跳闸指令不起作用。

4）根据操作次数校验接触器所允许的操作频率。如果操作频率超过规定值，额定电流应该加大一倍。

5.6 任务6 低压断路器的选择与使用

任务描述

能够识别各种低压断路器，熟悉常见的分类，掌握低压断路器的结构组成和工作原理，熟悉其特点，能够根据实际需要选择合适的低压断路器来完成工作任务。

低压断路器是一种不仅可以接通和分断正常负荷电流和过负荷电流，还可以接通和分断短路电流的开关电器。低压断路器在电路中除起控制作用外，还具有一定的保护功能，如过负荷、短路、欠电压和漏电保护等。低压断路器广泛应用于低压配电系统各级馈出线，各种机械设备的电源控制和用电终端的控制和保护。一部分断路器带有利用零序电流互感器作为核心元件的漏电保护器，注意漏电保护器应该一个月测试一次是否功能良好。断路器的实物图见图5-26。

5.6.1 万能断路器的工作原理

万能断路器利用双金属片的受热变形来实现对于电动机的过载保护，利用电流继电器来实现对于短路故障的保护，利用电压继电器来实现失电压和欠电压保护，利用零序电流互感器来实现对于漏电故障的保护等，可以手动操作和自动操作对于大型和小型用电设备进行不频繁的通断电。

空气开关

带漏电保护器的空气开关

万能断路器

图 5-26　断路器的实物图

5.6.2　低压断路器的结构

1）操作机构。一般是四连杆、五连杆等机械机构构成。

2）外壳。由绝缘材料组成，主要是尼龙等。

3）触点系统。动触点、静触点组成，可能为单断点，也有双断点的。

4）灭弧系统。熄灭触点分断时产生的电弧。

5）过载保护机构。一般由热双金属元件组成，也有油杯式的。

6）短路保护机构。一般由铁心、线圈和反作用力弹簧等组成。

7）锁定机构。一般由金属或者塑料组成。锁定机构一般都很少提到，但是实际中它也可以并入操作机构里面。万能断路器的结构示意图见图 5-27。断路器的图形符号见图 5-28。

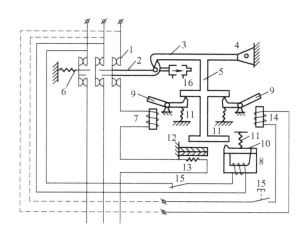

图 5-27　万能断路器的结构示意图

1—主触点　2—锁键　3—搭钩（代表自由脱扣机构）　4—转轴　5—杠杆　6—复位弹簧
7—过电流脱扣器　8—欠电压脱扣器　9、10—衔铁　11—弹簧　12—热脱扣器双金属片
13—热脱扣器热元件　14—分励脱扣器　15—按钮　16—电磁铁

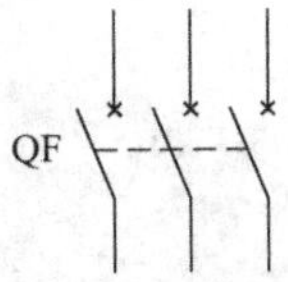

图 5-28　断路器的图形符号

5.6.3　断路器的主要技术参数及型号

1）额定极限短路分断能力：断路器规定的试验电压及其他规定条件下的极限短路分断电流之值。

2）额定运行短路分断能力：指断路器在规定的试验电压及其他规定条件下的一种比额定极限短路分断电流小的分断电流值。

3）额定短时耐受电流是指断路器在规定的试验条件下短时间承受的电流值。

4）机械寿命和电气寿命。

5）安装尺寸。

低压断路器的典型型号：DZ A－B/CD，其中 D 代表断路器，Z 代表塑料外壳，A 代表设计序号，B 代表额定电流，C 代表极数，D 是用途代号。

5.6.4　断路器的选择

1）根据线路对保护的要求确定断路器的类型和保护形式确定选用框架式、装置式或限流式等。

2）断路器的额定电压 U_N 应等于或大于被保护线路的额定电压。

3）断路器欠电压脱扣器额定电压应等于被保护线路的额定电压。

4）断路器的额定电流及过流脱扣器的额定电流应大于或等于被保护线路的计算电流。

5）断路器的极限分断能力应大于线路的最大短路电流的有效值。

6）配电线路中的上、下级断路器的保护特性应协调配合，下级的保护特性应位于上级保护特性的下方且不相交。

7）断路器的长延时脱扣电流应小于导线允许的持续电流。

5.7　习题

1. 填空题

1）空气断路器在使用过程中实际的电流大小要（　　　）空气断路器的额定电流。

2）熔断器是用于交、直流电器和电气设备的（　　　）保护。

3）熔断器式刀开关、大电流刀开关用于（　　　）。

4）接触器是在正常工作条件下，用来频繁地（　　　）电动机等主电路，并能（　　　）控制的开关电器。

5）电磁式接触器由（　　）、（　　）、（　　）、（　　）及（　　）等部分组成。

6）接触器按主触点接通或分断电流性质的不同分为（　　　）与（　　　）。

7）接触器的工作原理：接触器电磁线圈（　　　）后，在铁心中产生（　　　），于是在衔铁气隙处产生（　　），将衔铁吸合。

8）额定电压指（　　）的正常工作电压值，该值标注在接触器铭牌上。

9）额定电流指（　　）正常工作电流值。

10）接触器不吸合或吸不足（　　）有可能（　　），或（　　）。

11）一般电磁式继电器动作时间为（　　）。

12）电磁式中间继电器实质上是一种（　　），其特点是触点数量较多。

13）按电磁式中间继电器线圈电压种类不同可分为（　　）与（　　）。

14）延时继电器是输入信号输入后，（　　），输出才作出反应。

15）对于电磁式时间继电器，当电磁线圈输入电压或电流，（　　），输出的触点才动作。

16）时间继电器按其动作原理可分为（　　）、（　　）等。

17）按延时方式可分为（　　）和（　　）。

18）热继电器是（　　）产生的热量使检测元件（　　），推动（　　）的一种保护电器。

19）由于热继电器发热元件具有热惯性，所以在电路中不能用作（　　）过载保护，更不能用作（　　），主要用作电动机的（　　）。

20）在电力拖动控制系统中应用最广的是（　　）热继电器。

21）在低压开关电器中常用的有（　　）、（　　）、（　　）、漏电保护开关等。

22）交流接触器结构主要包括（　　）、（　　）和（　　）。

23）时间继电器是（　　）的继电器。

2. 简答题

1）低压断路器选型的要求是什么？

2）漏电保护开关的选用。

3）低压熔断器特点？

4）接触器的工作原理是什么？

5）继电器按输入信号的性质可分为哪些种类？

3. 判断题

1）当负载电流达到熔断器熔体的额定电流时，熔体将立即熔断，从而起到过载保护的作用。　　　　　　　　　　　　　　　　　　　　　　　　　　　　　　（　　）

2）低压配电装置应装设短路保护、过负荷保护和接地故障保护。　　（　　）

3）熔断器的熔断电流就是其额定电流。　　　　　　　　　　　　　（　　）

4）低压刀开关的主要作用是检修时实现电气设备与电源的隔离。　（　　）

5）交流接触器吸引线圈的额定电压与接触器的额定电压总是一致的。（　　）

6）刀开关与断路器串联安装的线路中，送电时应先合上负荷侧刀开关，再合上电源侧刀开关，最后接通断路器。　　　　　　　　　　　　　　　　　　　　　（　　）

7）交流接触器的短路环的作用是过电压保护。　　　　　　　　　　（　　）

8）低压断路器的瞬时动作电磁式过电流脱扣器和热脱扣器都是起短路保护作用的。

（　　）

9) 低压断路器的瞬时动作电磁式过电流脱扣器是起过载保护作用的。　　　（　）

10) 断路器的分励脱扣器和失电压脱扣器都能对断路器进行远距离分闸，因此它们的作用是完全相同的。　　　（　）

11) 交流接触器的静铁心端部装有短路环，它的作用是防止铁心吸合时产生振动噪声，保证吸持良好。　　　（　）

12) 普通交流接触器不能安装在高温、潮湿、有易燃易爆和腐蚀性气体的场所。

（　）

13) 所谓主令电器是指控制回路的开关电器，包括控制按钮、转换开关、行程开关以及凸轮主令控制器等。　　　（　）

14) 熔断器的额定电流和熔体额定电流是同一概念。　　　（　）

15) 熔断器更换熔体管时应停电操作，严禁带负荷更换熔体。　　　（　）

16) 热继电器的额定电流与热元件的额定电流必定是相同的。　　　（　）

17) 热元件的额定电流通常可按负荷电流的 1.1 ~ 1.5 倍选择，并据此确定热继电器的标称规格。　　　（　）

18) 热继电器的动作电流一般可在热元件额定电流的 60% ~ 100% 的范围内调节。

（　）

19) 交流接触器在正常条件下可以用来实现远距离控制电动机的起动与停止，但是不能频繁地接通。　　　（　）

20) 交流接触器不能在无防护措施的情况下在室外露天安装。　　　（　）

21) DZ 型自动开关中的电磁脱扣器起过载保护使用，热脱扣器起短路保护作用。

（　）

22) 对于禁止自行起动的设备，应选用带有欠电压脱扣器的断路器控制或采用交流接触器与之配合使用。　　　（　）

23) 交流接触器的主要结构包括电磁系统、触点系统和灭弧装置三大部分。　（　）

24) 热继电器只要按照负载额定电流选择整定值，就能起到短路保护的作用。（　）

25) 交流接触器的交流吸引线圈不得连接直流电源。　　　（　）

26) 刀开关与低压断路器串联安装的线路，应当由低压断路器接通、断开负载。

（　）

27) 与热继电器连接的导线截面应满足最大负荷电流的要求，连接应紧密尽可能地减小接触电阻以防止正常运行中额外温度升高造成热继电器误动作。　　　（　）

28) 剩余电流动作保护装置俗称为漏电保护装置。　　　（　）

29) 装置式低压断路器有塑料外壳，也叫作塑料外壳式低压断路器。　　　（　）

30) 上级低压断路器的保护特性与下级低压断路器的保护特性应满足保护选择性的要求。　　　（　）

31) 在正确的安装和使用条件下，熔体为 30A 的熔断器，当负荷电流达到 30A 时，熔体在两个小时内熔断。　　　（　）

32) 带有失电压脱扣器的低压断路器，失电压线圈断开后，断路器不能合闸。（　）

33) 熔断器具有良好的过载保护特性。　　　（　）

项目6 三相异步电动机直接起动控制电路分析与检测

学习目标：

1）掌握点动、长动、正反转控制、位置及往返控制、顺序控制与多地控制的控制环节，并能绘制相应的电气原理图，并分析电路的工作原理。

2）明确三相异步电动机基本控制电路中低压电器的作用。

3）能够按照电气原理图正确安装电路。

4）能够正确使用常用电工仪表，对电路常见故障进行检测与排除。

6.1 任务1 点动控制电路的工作原理分析

任务描述

绘制、分析三相异步电动机控制电路。要求电路具有必要的保护环节，能够实现点动控制，并能够对其典型故障进行分析与排除。

6.1.1 电气控制系统图的绘制与识读

1. 电气控制系统图

电力拖动控制系统是电动机和各种控制电器通过电路连接组成的。为了表达电气控制系统的设计意图，分析系统的工作原理，方便安装、调试、检修以及技术人员之间的相互交流，电气控制图样必须采用一定的格式和统一的文字符号和图形（即电气系统图）来表达，国家为此制订了一系列标准，用来规范电力拖动控制系统的各种技术资料。

常用的电气控制系统图有电气原理图、元器件布置图与电气安装接线图等。

（1）电气原理图

电气原理图是用来表示电路各个电气元器件中导电部件的连接关系和工作原理的图。为了简单清晰地表达电路的功能及工作原理，它不按电气元器件的实际位置来画，也不反映元器件的大小、形状和实际安装位置。只是将元器件的导电部件及其接线端钮按国家标准规定的图形符号来表示，再用导线将这些导电部件连接起来，以反映其连接关系。所以电气原理图结构简单、层次分明、关系明确，适用于分析研究电路的工作原理，是绘制其他电气控制系统图的依据，所以在设计部门和生产现场获得广泛应用。

1）电气原理图的组成。

电气原理图由主电路和辅助电路组成。主电路是从电源到电动机的电路，其中有刀开关、熔断器、接触器主触点、热继电器发热元件与电动机等。辅助电路包括控制电路、照明电路、信号电路及保护电路等。它们由继电器、接触器线圈、继电器触点、接触器辅助触点、控制按钮、其他控制元件触点、控制变压器、熔断器、照明灯、信号灯及控制开关等组成。

2）绘制电气原理图原则。

① 电源线的画法。原理图中直流电源和单相交流电源线用水平线画出，一般直流电源的正极画在图样上方，负极画在图样的下方。三相交流电源线集中水平画在图样上方，相序自上而下依 L_1、L_2、L_3 排列，中性线（N 线）和保护接地线（PE 线）放在相线之下。主电路、控制电路和辅助电路应分开绘制。主电路垂直于电源电路，在图的左侧竖直画出；控制电路与信号电路在图的右侧垂直画在两条水平电源线之间。为方便阅图，图中自左至右，从上而下表示动作顺序。

② 原理图中元器件的画法。电路中各元器件均不画实际的外形图，必须采用国家标准规定的图形符号画出，并采用国家标准中规定的文字符号标出。

③ 原理图中电器触点的画法。原理图中所有电气触点均按没有外力作用时，或未通电时触点的初始状态画出。如接触器、继电器的触点，按其电磁线圈未通电时的触点状态画出；控制按钮与行程开关触点按不受外力作用时的状态画出；断路器和开关电器触点按处于断开状态时画出。

（2）元器件布置图

元器件布置图表明了电气设备上所有元器件的实际位置，为电气设备的安装及维修提供必要的资料。元器件布置图可根据电气设备的复杂程度集中绘制或分别绘制。

（3）电气安装接线图

电气安装接线图是为安装电气设备和电气元器件进行配线或检修电气故障服务的，在图中显示出电气设备中各个元器件的实际空间位置与接线情况。接线图是根据电器位置布置最合理、连接导线最方便且最经济的原则来安排的。

故障维修时通常由原理图分析电路原理、判断故障，由接线图确定故障部位。

2. 电气控制系统图的识读

（1）识图的基本方法

1）结合电工基础知识识图。如三相笼型异步电动机的正转和反转控制，就是利用三相笼型异步电动机的旋转方向是由电动机三相电源的相序来决定的原理，用倒顺开关或两个接触器进行切换，改变输入电动机的电源相序，以改变电动机的旋转方向。

2）结合元器件的结构和工作原理识图。在识读电气图时，首先应了解这些元器件的性能、结构、工作原理、相互控制关系以及在整个电路中的作用。

3）结合典型电路识图。典型电路就是常见的基本电路，不管多么复杂的电路，几乎都是由若干基本电路所组成。因此，熟悉各种典型电路的组成及功能，在识图时就能迅速地分清主次环节，抓住主要矛盾，从而看懂较复杂的电路图。

4）结合有关图样说明识图。凭借所学知识阅读图样说明，有助于了解电路的大体情况，便于抓住看图的重点，达到顺利识图的目的。

（2）识图要点和步骤

1）看图样说明。首先要看图样说明，搞清设计的内容和施工要求，这样就能了解图样的大体情况，抓住识图的重点。

2）看主标题栏。在看图样说明的基础上，接着看主标题栏，了解电气图的名称及标题栏中有关内容，大致了解电气图的内容。

3）看电路图。看电路图时，先要分清主电路和控制电路、交流电路和直流电路，其次按照首先看主电路，再看控制电路的顺序读图。看主电路时，通常从下往上看，即从用电设备开始，经控制元器件，顺次往电源看，要弄清用电设备是怎样从电源取电的。看控制电路时，应自上而下、从左向右看。即先看电源，再顺次看各条回路，分析各回路元器件的工作情况及其对主电路的控制。

6.1.2　点动控制电路的分析

生产机械有的需要连续运转，有的需要点动运行，还有的生产机械要求用点动运行来完成调整工作。

所谓点动控制就是按下按钮，电动机通电运转，松开按钮，电动机断电停止的控制方式。

1. 电气原理图

图 6-1 为电动机点动控制电路原理图。

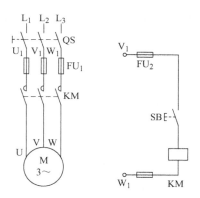

图 6-1　电动机点动控制电路

2. 主要低压电器及其作用

本任务涉及的低压电器有刀开关、熔断器、按钮和交流接触器。它们的作用如下所述。

刀开关 QS：作为电源的隔离开关。

熔断器 FU$_1$、FU$_2$：分别用作主电路、控制电路的短路保护。

按钮 SB：控制接触器 KM 线圈通电与断电。

接触器 KM：其主触点的闭合、断开直接控制电动机的起动与停止。

3. 工作原理

按下点动起动按钮 SB，接触器 KM 线圈通电吸合，接触器 KM 主触点闭合，电动机接通三相交流电源起动旋转。当松开按钮 SB 后，接触器 KM 线圈断电，主触点断开，切断三相交流电源，电动机停止旋转。按钮 SB 的按下时间长短直接决定了电动机接通电源的运转时间长短。

6.2　任务2　连续控制电路的工作原理分析

任务描述

绘制、分析笼型三相异步电动机控制线路。要求实现电动机连续运转控制。要求有必要的保护环节，并能够对其典型故障进行检测及排除。

6.2.1　连续运转控制电路的分析

1. 连续控制

前面介绍的点动控制电路不便于使电动机长时间动作，所以不能满足许多需要连续工作的状况。电动机的连续运转也称为长动控制，是相对点动控制而言的，它是指在按下起动按钮起动电动机后，松开按钮，电动机仍然能够通电连续运转的控制方式。

2. 电气原理图

图6-2为三相异步电动机单一方向连续运转控制的电路原理图。

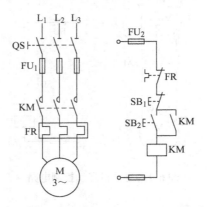

图6-2　电动机连续运转控制电路

3. 主要低压电器及其作用

该电路由刀开关 QS，熔断器 FU_1、FU_2，接触器 KM，热继电器 FR 和按钮 SB_1、SB_2 等组成。其中由 QS、FU_1、KM 主触点、FR 发热元件与电动机 M 构成主电路。由停止按钮 SB_1、起动按钮 SB_2、KM 动合（常开）辅助触点、KM 线圈、FR 动分（常闭）触头及 FU_2 构成控制电路。它们的作用如下所述。

刀开关 QS：作为电源的隔离开关。

熔断器 FU_1、FU_2：分别作主电路、控制电路的短路保护。

按钮 SB_1、SB_2：分别为电动机连续运转的起点按钮和停止按钮。

接触器 KM 的主触点：控制电动机的起动与停止。

热继电器：作电动机的过载保护。

4. 工作原理

1）起动。

电动机起动时，合上电源开关 QS，接通整个电路电源。按下起动按钮 SB_2 后，其动合（常开）触点闭合，接触器 KM 线圈通电吸合，KM 动合（常开）主触点与并接在起动按钮 SB_2 两端的动合（常开）辅助触点同时闭合，前者使电动机接入三相交流电源起动旋转；后者使 KM 线圈经 SB_2 动合（常开）触点与接触器 KM 自身的动合（常开）辅助触点两路供电而吸合。松开起动按钮 SB_2 时，虽然 SB_2 一路已断开，但 KM 线圈仍通过自身动合（常开）辅助触点这一通路而保持通电，从而确保电动机继续运转。

这种依靠接触器自身辅助触点闭合而使其线圈保持通电，称为接触器自锁，也叫作电气自锁。这对起自锁作用的动合（常开）辅助触点称为自锁触点，这段电路称为自锁电路。

2）停止。

要使电动机停止运转，可按下停止按钮 SB_1，接触器 KM 线圈断电释放，KM 的动合（常开）主触点、动合（常开）辅助触点均断开，切断电动机主电路和控制电路，电动机停止转动。当手松开停止按钮后，SB_1 的动分（常闭）触点在复位弹簧作用下，虽又恢复到原来的动分（常闭）状态，但原来闭合的 KM 自锁触点早已随着接触器 KM 线圈断电而断开，接触器已不再依靠自锁触点这条路通电了。

由此可见，点动控制与长动控制的根本区别在于电动机控制电路中有无自锁电路。再者，从主电路上看，电动机连续运转电路应装有热继电器以作长期过载保护，而对于点动控制电路，因电动机不可能长时间连续工作，所以可不安装热继电器。

3）电路的保护环节。

熔断器 FU_1、FU_2 分别为主电路、控制电路的短路保护。

热继电器 FR 作为电动机的长期过载保护。这是由于热继电器的热惯性较大，只有当电动机长期过载时 FR 才动作。使串接在控制电路中的 FR 动分（常闭）触点断开，切断 KM 线圈电路，主电路接触器 KM 三对动合（常开）主触点断开，电动机断电停止转动，实现对电动机的过载保护。

4）电路的欠电压与失电压保护。

接触器自锁环节，使得电路具备欠电压保护和失电压保护。这一保护是依靠接触器自身的电磁机构来实现的。当电源电压降低到一定值时或电源断电时，接触器电磁机构中弹簧反力大于电磁吸力，接触器衔铁释放，动合（常开）触点断开，电动机停止转动，而当电源电压恢复正常或重新供电时，接触器线圈均不会自行通电吸合，只有在操作人员再次按下起动按钮之后，电动机才能重新起动。这样，一方面防止电动机在电压严重下降时仍低压运行而烧毁电动机。另一方面防止电源电压恢复时，电动机自行起动旋转，造成设备和人身事故的发生。

6.2.2 连续与点动混合正转控制电路的分析

在实际生产加工过程中，机床设备一般都需要电动机处在连续运转状态，但是在试车或调整刀具等位置时，又需要电动机能处于点动控制状态。连续与点动混合控制正转电路就能满足这种工艺要求。

1. 电气原理图

图 6-3 是常见的既可实现点动控制又可实现连续运转的连续与点动混合正转控制电路。

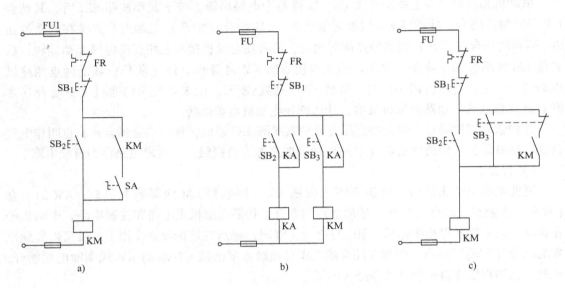

图 6-3 电动机点动、长动控制电路
a) 转换开关控制 b) 中间继电器控制 c) 按钮控制

2. 工作原理

在图 6-3a 中，点动控制与连续运转控制由手动转换开关 SA 进行选择。当 SA 断开时自锁电路断开，成为点动控制，工作原理与任务一中点动控制电路工作原理相同。当 SA 闭合时，由于自锁电路接入成为连续控制，工作原理与本任务中长动控制线路工作原理相同。

在图 6-3b 中增加了一个中间继电器 KA。按下点动按钮 SB_3，接触器 KM 线圈通电，主电路中 KM 主触点闭合，三相异步电动机通电运转，松开 SB_3，KM 线圈断电，其主触点断开，电动机断电停转。按下长动按钮 SB_2，中间继电器 KA 线圈通电，其两对动合（常开）触点都闭合，其中一对闭合实现自锁，另一对闭合，接通接触器 KM 线圈支路，使 KM 线圈通电，主电路 KM 主触点闭合，电动机起动旋转。此时，按下停止按钮 SB_1，KA、KM 线圈都断电，触点均恢复到初始状态，电动机断电停止。

在图 6-3c 中增加了一个复合按钮 SB_3。将 SB_3 的动分（常闭）触点串接在接触器自锁电路中，其动合（常开）触点与连续运转起动按钮 SB_2 动合（常开）触点并联，使 SB_3 成为点动控制按钮。当按下 SB_3 时，其动分（常闭）触点先断开，切断自锁电路，动合（常开）触点后闭合，接触器 KM 线圈通电并吸合，主触点闭合，电动机起动运转。当松开 SB_3 时，它的动合（常开）触点先恢复断开，KM 线圈断电并释放，KM 主触头及与 SB_3 动分（常闭）触点串联的动合（常开）辅助触点都断开，电动机停止运转。SB_3 的动分（常闭）触点后恢复闭合，这时也无法接通自锁电路，KM 线圈无法通电，电动机也无法运转。电动机需连续运转时，可按下连续运转起动按钮 SB_2，停机时按下停止按钮 SB_1，便可实现电动机的连续运转起动和停止控制。

6.3 任务3 正反转控制电路的工作原理分析

任务描述

绘制、分析笼型三相异步电动机直接起动正反转控制电路。要求分别实现接触器互锁控制、按钮互锁控制和接触器、按钮双重互锁控制。能够明确各种正反转控制电路的特点，并能够对其典型故障进行检测及排除。

6.3.1 接触器控制正反转电路分析

生产机械的运动部件往往要求实现正反两个方向的运动，如机床主轴正转和反转，起重机吊钩的上升与下降，机床工作台的前进与后退，机械装置的夹紧与放松等。这就要求拖动电动机实现正反转来控制。通过前面电动机原理有关知识的学习可知，只要将接至三相异步电动机的三相交流电源进线中的任意两相对调，即可实现三相异步电动机的反转。

1. 电气原理图

图6-4是接触器控制电动机正反转控制电路。

2. 工作原理

在图6-4中，KM$_1$为正转接触器、KM$_2$为反转接触器。按钮SB$_2$和SB$_3$分别为正转起动按钮和反转起动按钮。工作时，合上电源开关QS，按下正转起动按钮SB$_2$，正转接触器KM$_1$线圈通电，主电路中KM$_1$三对动合（常开）主触点闭合，三相异步电动机通电正转，同时正转接触器KM$_1$自锁触点闭合，实现正转自锁。此时，按下停止按钮SB$_1$，正转接触器KM$_1$线圈断电，主电路KM$_1$三对动合（常开）主触点复

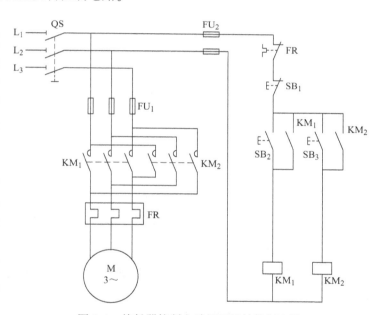

图6-4 接触器控制电动机正反转控制电路

位，电动机断电停止，同时正转接触器KM$_1$自锁触点也恢复断开，解除正转自锁。再按下反转起动按钮SB$_3$，反转接触器KM$_2$线圈通电，主电路中KM$_2$三对动合（常开）主触点闭合，电动机改变相序实现反转，同时反转接触器KM$_2$自锁触点闭合，实现反转自锁。

可见，该电路是将两个单向旋转控制电路组合而成，主电路由正、反转接触器KM$_1$、KM$_2$的主触点来实现电动机两相电源的对调，即改变相序，进而实现电动机的正反转。但若发生在按下正转起动按钮时，电动机已进行正向旋转后，又按下反向起动按钮SB$_3$的误操作时，由于正反转接触器KM$_1$、KM$_2$线圈均通电吸合，它们的主触点均闭合，将

发生电源两相短路，致使熔断器 FU_1 熔体烧断，实现短路保护，电动机无法工作。因此，虽然该电路是最简单的能实现正反转控制电路，但该电路安全性较差，在实际工作中禁止使用。

6.3.2 接触器互锁正反转控制电路分析

通过分析可知图 6-4 所示电路是不能直接进行正、反转切换的，无论哪个转向要过渡到另一个转向，必须先停止，否则会导致两个接触器同时通电引起主电路电源短路。为防止出现上述情况，只要在主电路中 KM_1、KM_2 任意一个接触器主触点闭合，另一个接触器的主触点就应该不可闭合。即任何时候在控制线路中，KM_1、KM_2 只能有其中一个接触器的线圈通电。

将 KM_1、KM_2 正反转接触器的动分（常闭）辅助触点分别串接到对方线圈电路中，形成相互制约的控制，这种相互制约的控制关系称为互锁，也叫联锁。这两对起互锁作用的动分（常闭）触点称为互锁触点。由接触器或继电器动分（常闭）触点构成的互锁还称为电气互锁。

1. 电气原理图

图 6-5 是接触器互锁电动机正反转控制电路。

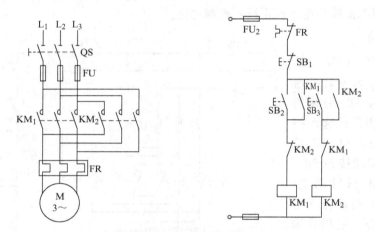

图 6-5　接触器互锁电动机正反转控制电路

2. 主要低压电器及其作用

本任务涉及的低压电器有刀开关、熔断器、按钮、交流接触器和热继电器。它们的作用如下所述。

刀开关 QS：作为电源的隔离开关。

熔断器 FU_1、FU_2：分别作主电路、控制电路的短路保护。

接触器 KM_1：正转接触器，其主触点控制电动机正方向起动与停止。其动合（常开）辅助触点实现自锁，动分（常闭）辅助触点实现对 KM_2 的互锁。

接触器 KM_2：反转接触器，其主触点控制电动机反方向起动与停止。其动合（常开）辅助触点实现自锁，动分（常闭）辅助触点实现对 KM_1 的互锁。

正转起动按钮 SB_2：控制正转接触器 KM_1 线圈得电。反转起动按钮 SB_3：控制反转接触器 KM_2 线圈得电。停止按钮 SB_1：控制 KM_1、KM_2 线圈断电。

热继电器 FR：对电动机实现过载保护。

3. 工作原理

图 6-5 所示接触器互锁正、反转控制电路中，按下正转起动按钮 SB_2，正转接触器 KM_1 线圈通电，一方面 KM_1 主电路中的主触点和控制电路中的自锁触点闭合，使电动机连续正转。另一方面，动断互锁触点 KM_1 断开，切断反转接触器 KM_2 线圈支路，使得它无法通电，实现互锁。此时，即使按下反转起动按钮 SB_3，反转接触器 KM_2 线圈因 KM_1 互锁触点断开也不会通电。要实现反转控制，必须先按下停止按钮 SB_1，切断正转接触器 KM_1 线圈支路，KM_1 主电路中的主触点和控制电路中的自锁触点恢复断开，互锁触点恢复闭合，解除对 KM_2 的互锁，然后按下反转起动按钮 SB_3，才能使电动机反向起动运转。

同理可知，反转起动按钮 SB_3 按下时，反转接触器 KM_2 线圈通电。一方面主电路中 KM_2 三对动合（常开）主触点闭合，控制电路中自锁触点闭合，实现反转，另一方面正转互锁触点断开，使正转接触器 KM_1 线圈支路无法接通，进行互锁。

接触器互锁正、反转控制电路优点是，可以避免由于误操作以及因接触器故障引起电源短路的事故发生，但存在的主要问题是，从一个转向过渡到另一个转向时要先按停止按钮 SB_1，不能直接过渡，显然这是十分不方便的。可见接触器互锁正、反转控制电路的特点是安全不方便，运行状态转换必须是"正转—停止—反转"。

6.3.3 按钮互锁正反转控制电路分析

接触器互锁正、反转控制电路使电动机实现"正转—停止—反转"的控制。在生产实际中为提高劳动生产率，减少辅助工时，要求直接进行电动机正转到反转或反转到正转的换向控制。

应在控制电路中使用复合按钮 SB_2、SB_3，它们各自有两对触点，一对动合（常开）触点（动合触点），一对动分（常闭）触点（动断触点）。当按下按钮时，动分（常闭）触点先断开，动合（常开）触点后闭合。分别将起动按钮的动分（常闭）触点接入对方接触器线圈支路中。只要按下某一起动按钮，就自然先切断了对方线圈支路，从而实现对对方接触器的互锁。这种互锁是利用按钮的另一对触点来实现的，为了区别与接触器触点的互锁（电气互锁），所以称它为按钮互锁，属于机械互锁。

1. 电气原理图

图 6-6 是按钮器互锁正反转控制电路。

2. 工作原理

图 6-6 所示按钮互锁正、反转控制电路中，按下正转起动按钮，即复合按钮 SB_2 动断触点先打开，实现对接触器 KM_2 线圈的互锁；动合触点后闭合，正转接触器 KM_1 线圈通电，其自锁触点和主触点都闭合，分别实现自锁和接通电动机正转电源，电动机通电正转。按下反转按钮，即复合按钮 SB_3 动断触点先打开，使正转接触器 KM_1 线圈断电。正转电源切断，正转自锁和正转对反转的互锁也都解除。SB_3 动合触点后闭合，接通反转接触器 KM_2 线圈，电动机实现反转。

按钮互锁正、反转控制电路的优点是，电动机可以直接从一个转向过渡到另一个转向不

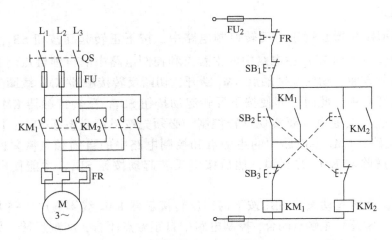

图 6-6　按钮互锁正反转控制电路

需要按停止按钮 SB_1。但存在的主要问题是容易产生短路事故。例如，电动机正转接触器 KM_1 主触点因弹簧老化或剩磁的原因而延迟释放时、因触点熔焊或者被卡住而不能释放时，如按下 SB_3 反转按钮，会造成 KM_1 因故不释放或释放缓慢而没有完全将触点断开，KM_2 接触器又通电使其主触点闭合，电源会在主电路短路。可见，按钮互锁正、反转控制电路的特点是方便不安全，控制方式是"正转—反转—停止"。

6.3.4　双重（接触器、按钮）互锁正反转控制电路分析

为结合接触器互锁和按钮互锁的优点，就有了双重（接触器、按钮）互锁正反转控制电路，它是一种比较完善的既能实现正、反转直接过渡，也可有效防止相间短路事故的发生，在实际工作中广泛应用。

图 6-7 是双重互锁正、反转控制电路。请读者结合上面两种正反转控制电路，自行分析这个控制电路工作原理及电路特点。

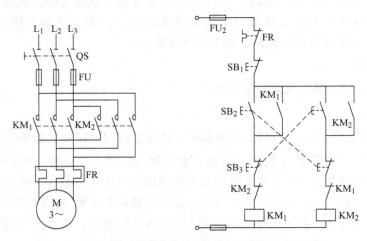

图 6-7　按钮和接触器双重互锁电动机正反转控制电路

6.4 任务4 自动往复循环控制电路的设计与分析

任务描述

设计并分析一个由笼型三相异步电动机拖动工作台前进和后退的控制电路。要求电动机起动后，该工作台能在一定区域内做自动往返循环运动，直至按下停止按钮。同时，要求对电动机及电路加以必要的保护，并能够对其典型故障进行检测及排除。

6.4.1 自动往复循环控制电路的设计

许多生产机械的运动部件往往要求在规定的区域内实现正反两个方向的循环运动，例如生产车间的行车运行到终点位置时需要及时停车，并能按控制要求回到起点位置；铣床要求工作台在一定距离内能作自由往复循环运动，以便对工件连续加工。像这种控制生产机械运动行程和位置的方法均叫作行程控制，也称限位控制。这里重点介绍一种特殊要求的行程控制，自动往复循环控制电路。

1. 设计思路

有些生产设备的驱动电动机一旦起动后就要求正反转能自动进行切换。实现电动机正反转自动换接的方法很多，其中，用行程开关发出换接信号的最为常见。本任务涉及的控制电路可以利用行程开关发出工作状态改变的信号。

2. 电气原理图

图6-8是按行程原则设计的自动往复循环控制电路。

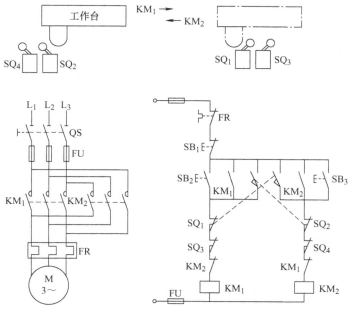

图6-8 自动往复循环控制电路

3. 主要低压电器及其作用

本任务涉及的低压电器有电源开关（以刀开关为例）、熔断器、按钮、交流接触器、热继电器、行程开关等。它们的作用如下所述。

刀开关 QS：作为电源的隔离开关。

熔断器 FU_1、FU_2：分别作主电路、控制电路的短路保护。

接触器 KM_1：正转接触器，其主触点闭合控制电动机正方向起动运转，拖动工作台向右运动。其动合（常开）辅助触点实现自锁，动分（常闭）辅助触点实现对 KM_2 的互锁。

接触器 KM_2：反转接触器，其主触点闭合控制电动机反方向起动运转，拖动工作台向左运动。其动合（常开）辅助触点实现自锁，动分（常闭）辅助触点实现对 KM_1 的互锁。

正转起动按钮 SB_2：控制正转接触器 KM_1 线圈得电。反转起动按钮 SB_3：控制反转接触器 KM_2 线圈得电。停止按钮 SB_1：控制 KM_1、KM_2 线圈断电。

行程开关 SQ_1、SQ_2：控制电动机自动往返运行的，分别安装在右边和左边终点处。

行程开关 SQ_3、SQ_4：起终端保护作用，以防止 SQ_1、SQ_2 失灵，工作台越过限定位置而造成事故。

热继电器 FR：对电动机实现过载保护。

6.4.2 自动往复循环控制电路的工作原理分析

1. 工作原理

图 6-8 所示电路中，按下 SB_2，接触器 KM_1 线圈通电，其自锁触点闭合，实现自锁，互锁触点断开，实现对接触器 KM_2 线圈的互锁，主电路中的 KM_1 主触点闭合，电动机通电正转，拖动工作台向右运动。到达右边终点位置后，安装在工作台上的限定位置撞块碰撞行程开关 SQ_1。撞块压下 SQ_1，其动断触点先断开，切断接触器 KM_1 线圈支路，KM_1 线圈断电。主电路中 KM_1 主触点分断，电动机断电正转停止，工作台停止向右运动，控制电路中，KM_1 自锁触点分断解除自锁，KM_1 的动断触点恢复闭合解除对接触器 KM_2 线圈的互锁。SQ_1 的动合触点后闭合，接通 KM_2 线圈支路，KM_2 线圈得电。KM_2 自锁触点闭合实现自锁，KM_2 的动断触点断开，实现对接触器 KM_1 线圈的互锁，主电路中的 KM_2 主触点闭合，电动机通电改变相序反转，拖动工作台向左运动。到达左边终点位置后，安装在工作台上的限定位置的撞块碰撞行程开关 SQ_2，其动断和动合触点按先后动作……

以后重复上述过程，工作台在 SQ_1 和 SQ_2 之间周而复始地做往复循环运动，直到按下停止按钮 SB_1 为止。整个控制线路失电，接触器 KM_1（或 KM_2）主触点分断，电动机断电停转，工作台停止运动。

2. 自动往复循环控制电路的连接

1）识读电气原理图，理解各个电压电器在电路中的作用。

2）用万用表检验所选元器件、电动机及连接导线的质量。

3）按照电气原理图 6-8 安装接线。

4）安装并连接电动机。先将电动机定子绕组按铭牌接好，然后再连接电源。

5）检查。

① 按电路图从电源端开始，逐段核对连线是否正确，连接点是否符合要求。

② 检查主电路时，可以用手动来代替接触器受电线圈励磁吸合时的情况。

③ 检查自锁和互锁控制电路。

④ 检查行程开关触点控制支路，可以用手动代替撞块碰撞其操作手柄使触点动作的情况。

6）通电试车。

自动往复循环控制电路制作完毕，检查无误并经指导教师允许后可进行通电试车。

① 合上刀开关，接通电源。

② 三相异步电动机正反转运动拖动工作台的前进与后退。按下正转起动按钮 SB_2，电动机起动运转，拖动工作台向右运动。观察工作台运动和电动机运行有无异常现象。密切观察到达右边终点位置，撞块碰撞 SQ_1 时，工作台运动和电动机运行情况。同理，反向运转相同。最后按下停止按钮 SB_1 时，再仔细观察工作台运动和电动机运行情况。

6.5 任务5 多地控制电路的设计与分析

任务描述

设计并分析一个能在两个不同地点控制同一台三相异步电动机起动或停止的控制电路，同时，要求对电动机及电路加以必要的保护，并能够对其典型故障进行检测及排除。

6.5.1 电动机单向运转两地控制电路设计

所谓多地控制是指能够在两个或多个不同的地方对同一台电动机的动作进行控制。

在一些大型机床设备中，为了工作人员操作方便，经常采用多地控制方式，在机床的不同位置各安装一套起动和停止按钮。如 X62W 型万能铣床控制主轴电动机起动、停止的两套按钮，分别装在床身上和升降台上。

1. 设计思路

多地控制电路有一个重要的接线原则，那就是：控制同一台电动机的几个起动按钮相互并联结在控制电路中，起相同作用；几个停止按钮要相互串联结于控制电路中，起相同作用。

2. 电气原理图

图 6-9 所示是较为常见的两地控制具有过载保护的接触器自锁三相异步电动机正转控制电路。图中，SB_{11}、SB_{12} 为安装在甲地点的起动按钮和停止按钮；SB_{21}、SB_{22} 为安装在乙地点的起动按钮和停止按钮。

3. 工作原理

起动时：在图 6-9 所示电路中，合上电源开关 QS，按下起动按钮 SB_{11} 或 SB_{21}，接触器 KM 线圈通电，主电路中 KM 三对动合（常开）主触点闭合，三相异步电动机 M 通电运转，控制电路中 KM 自锁触点闭合，实现自锁，保证电动机连续运转。

停止时：在图 6-9 所示电路中，按下停止按钮 SB_{12} 或 SB_{22}，接触器 KM 线圈断电，主电

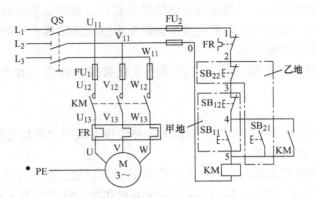

图 6-9　两地控制接触器自锁电路

路中 KM 三对动合（常开）主触点恢复断开，三相异步电动机 M 断电停止运转，控制电路中 KM 自锁触点恢复断开，解除自锁。

6.5.2　电动机正反转两地控制电路分析

1. 电气原理图

图 6-10 为接触器互锁两地控制的三相异步电动机正反转电路。图中，KM_1 为正转接触器、KM_2 为反转接触器，SB_1、SB_3 和 SB_5 为安装在甲地点的停止按钮、正转起动按钮和反转起动按钮；SB_2、SB_4 和 SB_6 为安装在乙地点的停止按钮、正转起动按钮和反转起动按钮。

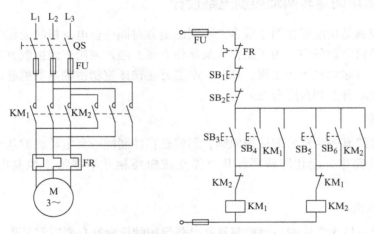

图 6-10　接触器互锁的两地控制正反转电路

2. 工作原理

起动时，合上电源开关 QS，按下正转起动按钮 SB_3 或 SB_4，正转接触器 KM_1 线圈通电，主电路中 KM_1 三对动合（常开）主触点闭合，三相异步电动机通电正转，同时正转接触器 KM_1 自锁触点闭合，实现正转自锁。此时，按下停止按钮 SB_1 或 SB_2，正转接触器 KM_1 线圈断电，主电路 KM_1 三对动合（常开）主触点复位，电动机断电停止，同时正转接触器 KM_1 自锁触点也恢复断开，解除正转自锁。再按下反转起动按钮 SB_5 或 SB_6，反转接触器 KM_2 线

130

圈通电，主电路中 KM₂ 三对动合（常开）主触点闭合，电动机改变相序实现反转，同时反转接触器 KM₂ 自锁触点闭合，实现反转自锁。

6.6 任务6 顺序控制电路的工作原理分析

任务描述

设计一个能实现两台笼型三相异步电动机 M_1、M_2 的顺序控制电路。要求可按实际情况满足以下其中一个条件，既可以通过主电路实现顺序控制，也可以通过控制电路来实现。顺序控制条件是：顺序起动，同时停止；顺序起动，逆序停止；同时，要求对电动机及电路加以必要的保护。并能够对其典型故障进行检测及排除。

6.6.1 顺序控制电路的分类

在实际生产中，装有多台电动机的生产机械上，由于各电动机所起的作用不同，根据实际需要，有时需按一定的先后顺序起动或停止，才能符合生产工艺规程的要求，保证操作过程的合理和工作的安全可靠。如自动加工设备必须在前一工步已完成，转换控制条件具备，方可进入新的工步；X62W 型万能铣床上要求主轴电动机起动后，进给电动机才能起动工作；M7120 型平面磨床的冷却泵电动机，要求当砂轮电动机起动后才能起动。像这种要求几台电动机的起动或停止必须按一定的先后顺序来完成的控制方式，称为电动机的顺序控制。顺序控制的具体要求可以各不相同，实现的方法有两种。一种是通过主电路来实现顺序控制，另一种是通过控制电路来实现顺序控制。

6.6.2 主电路实现顺序控制的电路分析

1. 电气原理图

图 6-11 为常见的通过主电路来实现两台电动机顺序控制的电路，由此可见电路的特点是 M_2 的主电路接在控制 M_1 的接触器主触点的下方。图 6-11a 所示电路中，电动机 M_2 是通过接插器 X 接在接触器 KM_1 主触点下面的，因此，只有当 KM_1 主触点闭合，电动机 M_1 起动运转后，电动机 M_2 才有可能接通电源运转。M7120 型平面磨床的砂轮电动机和冷却泵电动机就采用这种方式来实现两台电动机的顺序控制。而在图 6-11b 所示电路中，电动机 M_1 和 M_2 分别通过接触器 KM_1 和 KM_2 来控制，接触器 KM_2 的主触点接在接触器 KM_1 主触点的下面，这样也保证了当 KM_1 主触点闭合、电动机 M_1 起动运转后，M_2 才有可能接通电源运转。

2. 工作原理

在图 6-11 所示电路中，合上电源开关 QS，按下起动按钮 SB_1，接触器 KM_1 线圈通电，其主触点闭合，电动机 M_1 起动运转，自锁触点闭合，实现自锁。电动机起动运转后，这时在图 6-11a 所示电路中，M_2 可随时通过接插器与电源相连或断开，使之起动运转或停止；在图 6-11b 所示电路中，再按下 SB_2，接触器 KM_2 线圈通电，其主触点闭合，电动机 M_2 起动运转，自锁触点闭合，实现自锁。

停止时，按下 SB_3，接触器 KM_1、KM_2 线圈均断电，其主触点分断，电动机 M_1、M_2 同时断电停止运转，自锁触点均断开，解除自锁。

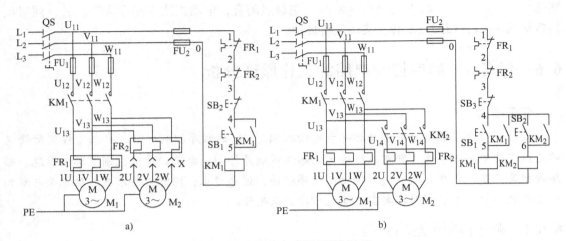

图 6-11　主电路实现顺序控制电路

6.6.3　控制电路实现顺序控制的电路分析

1. 电气原理图

图 6-12 所示为几种常见的通过控制电路来实现两台电动机顺序控制的电路，可见，主电路中，KM_1、KM_2 主触点是并列的，均接在熔断器 FU_1 下方。由图所示，图 6-12a 电路的特点是：电动机 M_2 的控制电路接在 KM_1 自锁触点的下方，这样就保证了 M_1 起动后，M_2 才能起动的顺序控制要求。图 6-12b 电路的特点是：在电动机 M_2 的控制电路中串接了接触器 KM_1 的动合（常开）辅助触点，显然，只要 M_1 不起动，即使按下 M_2 的起动按钮 SB_{21}，由于 KM_1 的动合（常开）辅助触点没闭合，KM_2 线圈也不能得电，从而保证了 M_1 起动后，M_2 才能起动的控制要求。

2. 工作原理

在图 6-12a 所示电路中，合上电源开关 QS，按下 SB_1，接触器 KM_1 线圈通电，其主触点闭合，电动机 M_1 起动运转，自锁触点闭合，实现自锁。M_1 起动运行后，按下 SB_2，接触器 KM_2 线圈通电，其主触点闭合，电动机 M_2 起动运转，自锁触点闭合，实现自锁。

停止时，按下 SB_3，接触器 KM_1、KM_2 线圈均断电，其主触点分断，电动机 M_1、M_2 同时断电停止运转，自锁触点均断开，解除自锁。可见，此电路特点是：实现两台电动机顺序起动，同时停止的控制要求。

在图 6-12b 所示电路中，合上电源开关 QS，按下 SB_{11}，接触器 KM_1 线圈通电，其主触点闭合，电动机 M_1 起动运转，自锁触点闭合，实现自锁，串联在 KM_2 线圈支路中的 KM_1 另一对动合（常开）辅助触点闭合，为 KM_2 线圈通电做准备。这时，按下 SB_{21}，接触器 KM_2 线圈通电，其主触点闭合，电动机 M_2 起动运转，自锁触点闭合，实现自锁。

停止时，若按下 SB_{22}，接触器 KM_2 线圈断电，其主触点分断，电动机 M_2 断电停止运转，自锁触点断开，解除自锁；若按下 SB_{12}，接触器 KM_1 线圈断电，其主触点分断，电动机 M_2 断电停止运转，自锁触点断开，解除自锁，串联在 KM_2 线圈支路中的 KM_1 另一对动合（常开）辅助触点也断开，使接触器 KM_2 线圈断电，其主触点分断，电动机 M_2 断电停

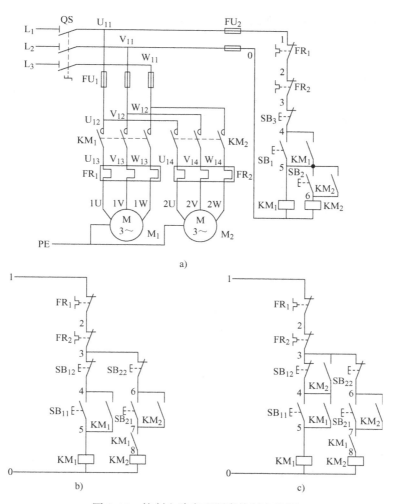

图 6-12 控制电路实现顺序控制电路图

止运转，自锁触点断开，解除自锁。可见，在此电路中，SB_{21} 控制 M_2 的单独停止，SB_{12} 控制两台电动机同时停止。

在图 6-12c 所示电路中，合上电源开关 QS，按下 SB_{11}，接触器 KM_1 线圈通电，其主触点闭合，电动机 M_1 起动运转，自锁触点闭合，实现自锁，串联在 KM_2 线圈支路中的 KM_1 另一对动合（常开）辅助触点闭合，为 KM_2 线圈通电做准备。这时，按下 SB_{21}，接触器 KM_2 线圈通电，其主触点闭合，电动机 M_2 起动运转，自锁触点闭合，实现自锁，同时与停止按钮 SB_{12} 并联的 KM_2 另一对动合（常开）辅助触点闭合，将 SB_{12} 短接，此时停止按钮 SB_{12} 失效。

停止时，若按下 SB_{12}，无任何反应。若按下 SB_{22}，接触器 KM_2 线圈断电，其主触点分断，电动机 M_2 断电停止运转，自锁触点断开，解除自锁，同时与停止按钮 SB_{12} 并联的 KM_2 另一对动合（常开）辅助触点也恢复断开，使停止按钮 SB_{12} 有效。此时再按下停止按钮 SB_{12}，接触器 KM_1 线圈断电，其主触点断开，电动机 M_1 断电，停止运转，自锁触点断开，解除自锁。可见，此电路特点是两台电动机 M_1、M_2 顺序起动，逆序停止。

6.6.4　由时间继电器控制的顺序控制电路分析

1. 电气原理图

在许多顺序控制中，往往要求有一定的时间间隔，这就可以采用时间继电器来控制。图 6-13 所示为由时间继电器控制电动机顺序起动电路图。图中采用的继电器为通电延时型时间继电器，所接触点是延时闭合的动合（常开）触点。

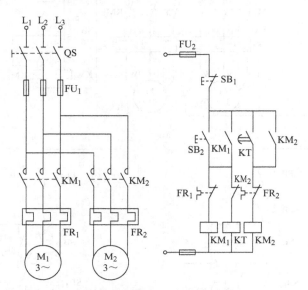

图 6-13　时间继电器控制电动机顺序起动电路图

2. 工作原理

合上电源开关 QS，当按下起动按钮 SB_2 后，KM_1、KT 线圈同时通电。同前面所述，KM_1 线圈通电，M_1 起动运转；KT 线圈通电，时间继电器开始计时工作，当延时时间到，延时闭合的动合（常开）触点闭合，接通 KM_2 线圈支路，KM_2 主触点闭合，M_2 起动运行，其自锁触点闭合，实现自锁，同时串联在 KT 线圈中的 KM_2 动分（常闭）触点断开，切断 KT 线圈支路。可见，在第 2 台电动机起动后，时间继电器就可以退出。此时，为了减少电路中运行电器的数量，提高控制线路可靠性及电器的使用寿命，应将时间继电器及时切除。图中与时间继电器线圈串联的 KM_2 动分（常闭）触点的作用就在于此。

停止过程请读者自行分析。

6.7　任务7　电气故障检修的一般方法

在实际生产中，尽管对电气设备采取了日常维护保养工作，降低了电气故障的发生率，但不可能杜绝电气故障的发生。工厂中最常见的电气故障是电动机基本控制电路故障。因此，维修电工必须要学会对其检修的正确方法。下面简单介绍电气故障发生后的一般分析和检修方法。

6.7.1 检修前的故障调查

当工业机械发生电气故障后，切忌盲目随便动手检修。在检修前，通过问、看、听、摸来了解故障前后的操作情况和故障发生后出现的异常现象，以便根据故障现象判断出故障发生的部位，进而准确地排除故障。

问：询问操作者故障前后电路和设备的运行状况及故障发生前后的症状，如故障是经常发生还是偶尔发生；是否有响声、冒烟、火花和异常振动等征兆；故障发生前有无切削力过大和频繁地起动、停止、制动等情况；有无经过保养检修或改动线路等。

看：察看故障发生前是否有明显的外观征兆，如各种信号；有指示装置的熔断器的情况；保护电器脱扣动作；接线脱落；触头烧蚀或熔焊；线圈过热烧毁等。

听：在线路还能运行和不扩大故障范围、不损坏设备的前提下，可通电试车，细听电动机、接触器和继电器等的声音是否正常。

摸：在刚切断电源后，尽快触摸检查电动机、变压器、电磁线圈及熔断器等，看是否有过热现象。

6.7.2 用测量法确定故障点

测量法是维修电工工作中用来准确确定故障点的一种行之有效的检查方法。常用的测试工具和仪表有校验灯、测电笔、万用表、钳形电流表和绝缘电阻表等，主要通过对电路进行带电或断电时的有关参数如电压、电阻和电流等的测量，来判断电器元件的好坏、设备的绝缘情况以及线路的通断情况。随着科学技术的发展，测量手段也在不断更新。

在用测量法检查故障点时，一定要保证各种测量工具和仪表完好，使用方法正确，还要注意防止感应电、回路电及其他并联支路的影响，以免产生误判断。下面以指针式万用表为例，介绍几种常见的用测量法确定故障点的方法。

1. 电压分阶测量法

测量检查时，首先把万用表的转换开关位置于交流电压 500V 的档位上，然后按图 6-14 所示方法进行测量。

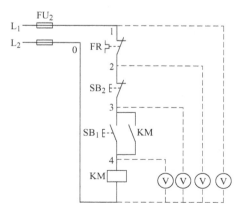

图 6-14 电压分阶测量法

断开主电路，接通控制电路的电源。若按下起动按钮 SB₁ 时，接触器 KM 不吸合，则说明控制电路有故障。

检测时，需要两人配合进行。一人先用万用表测量0和1两点之间的电压，若电压为380V，则说明控制电路的电源电压正常。然后由另一人按下 SB₁ 不放，一人把黑表棒接到0点上，红表棒依次接到2、3、4各点上，分别测量出0-2、0-3、0-4两点间的电压。根据其测量结果即可找出故障点，见表6-1。

表 6-1　电压分阶测量法查找故障点

故障现象	测量状态	0-2	0-3	0-4	故障点
按下 SB₁，KM 不吸合	按下 SB₁ 不放	0	0	0	FR 动分（常闭）触头接触不良
		380V	0	0	SB₂ 动分（常闭）触头接触不良
		380V	380V	0	SB₁ 接触不良
		380V	380V	380V	KM 线圈断路

2. 电阻分阶测量法

测量检查时，首先把万用表的转换开关置于倍率适当的电阻档，然后按图6-15所示方法进行测量。

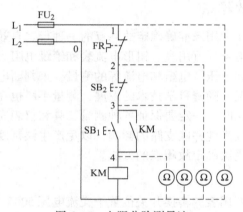

图 6-15　电阻分阶测量法

这种测量方法像下（或上）台阶一样依次测量电压，所以叫电压分阶测量法。

断开主电路，接通控制电路电源。若按下起动按钮 SB₁ 时，接触器 KM 不吸合，则说明控制电路有故障。

检测时，首先切断控制电路电源（这点与电压分阶测量法不同），然后一人按下 SB₁ 不放，另一人用万用表依次测量0-1、0-2、0-3、0-4各两点之间的电阻值，根据测量结果可找出故障点，见表6-2。

表 6-2　电阻分阶测量法查找故障点

故障现象	测量状态	0-1	0-2	0-3	0-4	故障点
按下 SB₁，KM 不吸合	按下 SB₁ 不放	∞	R	R	R	FR 动分（常闭）触头接触不良
		∞	∞	R	R	SB₂ 接触不良
		∞	∞	∞	R	SB₁ 接触不良
		∞	∞	∞	∞	KM 线圈断路

注：R 为 KM 线圈电阻值。

136

3. 电压分段测量法

首先把万用表的转换开关置于交流电压 500V 的档位上，然后按如下方法进行测量。

先用万用表测量图 6-16 所示 0 - 1 两点间的电压，若为 380V，则说明电源电压正常。然后一人按下起动按钮 SB_2，若接触器 KM_1 不吸合，则说明电路有故障。这时另一人可用万用表的红、黑两根表棒逐段测量相邻两点 1 - 2、2 - 3、3 - 4、4 - 5、5 - 6、6 - 0 之间的电压，根据其测量结果即可找出故障点，见表 6-3。

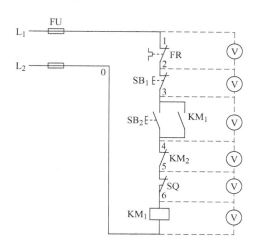

图 6-16　电压分段测量法

表 6-3　电压分段测量法查找故障点

故障现象	测量状态	1 - 2	2 - 3	3 - 4	4 - 5	5 - 6	6 - 0	故　障　点
按下 SB_2 时，KM_1 不吸合	按下 SB_2 不放	380V	0	0	0	0	0	FR 动分（常闭）触头接触不良
		0	380V	0	0	0	0	SB_1 触头接触不良
		0	0	380V	0	0	0	SB_2 触头接触不良
		0	0	0	380V	0	0	KM_2 动分（常闭）触头接触不良
		0	0	0	0	380V	0	SQ 触头接触不良
		0	0	0	0	0	380V	KM_1 线圈断路

4. 电阻分段测量法

测量检查时，首先切断电源，然后把万用表的转换开关置于倍率适当的电阻档，并逐段测量图 6-17 所示相邻号点 1 - 2、2 - 3、3 - 4（测量时由一人按下 SB_2）、4 - 5、5 - 6、6 - 0 之间的电阻。如果测得某两点间电阻值很大（∞），即说明该两点间接触不良或导线断路，见表 6-4。

电阻分段测量法的优点是安全，缺点是测量电阻值不准确时，易造成判断错误，为此应注意以下几点：

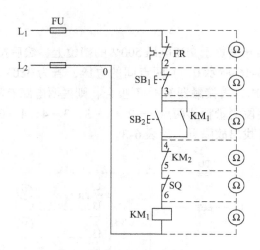

图 6-17 电阻分段测量法

1）用电阻测量法检查故障时，一定要先切断电源。

2）所测量电路若与其他电路并联，必须将该电路与其他电路断开，否则所测电阻值不准确。

3）测量高电阻元器件时，要将万用表的电阻档转换到适当档位。

表 6-4 电阻分段测量法查找故障点

故 障 现 象	测 量 点	电 阻 值	故 障 点
按下 SB$_2$，KM$_1$ 不吸合	1 - 2	∞	FR 动分（常闭）触头接触不良或误动作
	2 - 3	∞	SB$_1$ 动分（常闭）触头接触不良
	3 - 4	∞	SB$_2$ 动合（常开）触头接触不良
	4 - 5	∞	KM$_2$ 动分（常闭）触头接触不良
	5 - 6	∞	SQ 动分（常闭）触头接触不良
	6 - 0	∞	KM$_1$ 线圈断路

6.8 技能训练 典型电路的连接与检测

6.8.1 三相异步电动机点动与连续控制电路的连接与检测

1. 实训目的

1）进一步理解电气控制系统图的分类及作用。

2）巩固电气控制原理图的分析能力。

3）进一步掌握点动、连续控制方式的特点。

4）能够按图接线并对电路进行检测。

2. 相关知识

1）点动、自锁。

2）电路原理图见图 6-1 和图 6-2。

3. 仪器与设备

通用电学试验台、三相笼型异步电动机、刀开关、熔断器、控制按钮、交流接触器、热继电器、万用表和连接导线等。

4. 操作内容与步骤

1）用万用表检测低压电器、电动机定子绕组和导线等，保证实训器材完好。

2）按电气原理图接线。

3）用万用表检测电路。

4）经指导教师检查无误后方可通电，如有异常情况立即断电，并进行故障检测与排除，直到正常运行。

5. 注意事项

1）导线连接必须结实，有良好的绝缘性能。

2）电路连接完毕后，必须经过认真的检查并经指导教师允许后，方可通电试车，以防止严重事故发生。

3）故障检测前要熟练掌握电路图中各个环节的作用，并根据故障现象进行故障原因分析

4）要认真听取和仔细观察指导教师在示范过程中的讲解和操作。

5）工具、仪表使用要正确，同时要做到安全操作和文明生产。

6. 完成实训报告

重点描述实训过程中的故障现象，分析故障原因，简述故障诊断与排除所采取的措施。

6.8.2 三相异步电动机正反转控制电路的连接与检测

1. 实训目的

1）进一步理解互锁的概念及作用。

2）熟练掌握电气控制原理图的分析方法。

3）进一步掌握不同互锁的特点。

4）能够按图接线并对电路进行检测。

2. 相关知识

1）接触器互锁、按钮互锁、电动机正反转原理。

2）电路原理图见图 6-5 ~ 图 6-7。

3. 仪器与设备

通用电学试验台、三相笼型异步电动机、刀开关、熔断器、控制按钮、交流接触器、热继电器、万用表和连接导线等。

4. 操作内容与步骤

1）用万用表检测低压电器、电动机定子绕组、导线等，保证实训器材完好。

2）按电气原理图接线。

3）用万用表检测电路。

4）经指导教师检查无误后方可通电。

5）通电后规范操作，仔细观察运行现象。如有异常情况立即断电，并进行故障检测与排除，直到正常运行。

5. 注意事项

1）主电路必须换相。

2）接触器互锁触点接线必须正确，否则将会造成主电路中两相电源短路事故。

3）电路连接完毕后，必须经过认真的检查并经指导教师允许后，方可通电试车，以防止严重事故发生。

4）要认真听取和仔细观察指导教师在示范过程中的讲解和操作。

5）工具、仪表使用要正确，同时要做到安全操作和文明生产。

6. 完成实训报告

重点描述实训过程中的故障现象，分析故障原因，简述故障诊断与排除所采取的措施。

6.9　习题

1. 什么叫点动控制？试分析判断图 6-18 所示，各控制电路能否实现点动控制？若不能，说明原因，并加以改正。

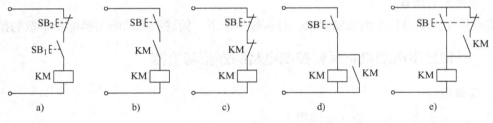

图 6-18　第 1 题图

2. 什么叫"自锁"？接触器自锁线路由什么部件组成自锁环节？如何连接？

3. 在长动控制电路中，当电源电压降低到某一值时电动机会自动停转，其原理是什么？若出现突然断电，恢复供电时电动机能否自行起动运转？

4. 试分析判断图 6-19，各控制电路能否实现自锁控制？若不能，说明原因，并加以改正。

5. 连续运转和点动控制有什么不同？各应用在什么场合？

6. 画出一个既可实现点动控制，又可连续运转的电路原理图，并叙述工作原理。

7. 什么叫互锁？常见电动机正反转控制电路中有几种互锁形式？如何实现？

8. 画出接触器互锁三相异步电动机正反转控制电路？并叙述工作原理。

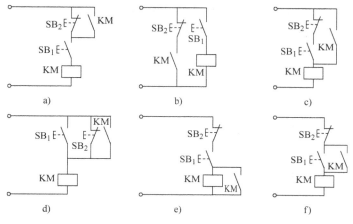

图 6-19　第 4 题图

9. 三相异步电动机接触器互锁和按钮互锁正反转控制电路各有何特点？

10. 图 6-20 所示是电动机正反转运行的主电路和控制电路，试分析电路是否存在问题。

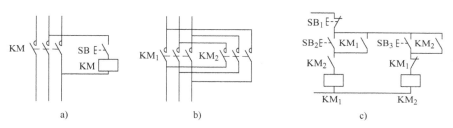

图 6-20　第 10 题图

11. 什么叫多地控制？多地控制的意义是什么？

12. 举出两个多地控制的实际应用例子。

13. 简述多地控制电路的接线原则。

14. 试画出能在两地控制同一台电动机正反转控制电路图。

15. 试分析图 6-21 所示控制电路的工作原理，并说明该电路属于哪种顺序控制电路。

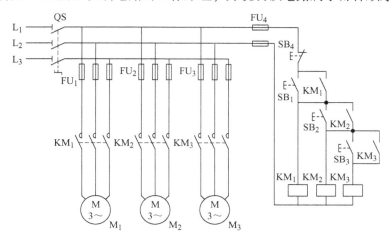

图 6-21　第 15 题图

16. 图 6-22 所示是两种通过控制电路实现电动机顺序控制的控制电路，试分析说明两种电路各有何特点，能满足什么控制要求，简单叙述工作原理。

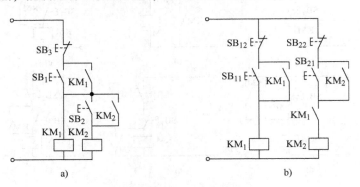

图 6-22　第 16 题图

项目7 三相异步电动机减压起动控制电路的分析

学习目标：

1）掌握定子串电阻减压起动、星-三角减压起动和自耦变压器减压起动的方法，能绘制相应的电气原理图，并分析电路的工作原理。

2）能够正确使用常用电工仪表，对电路常见故障进行检测与排除。

7.1 任务1 笼型异步电动机定子串电阻减压起动电路分析

任务描述

绘制、分析三相异步电动机定子串电阻减压起动控制电路。要求电路具有必要的保护环节，能够实现减压起动，并能够对其典型故障进行分析与排除。

对于前面介绍的容量较小的三相异步电动机可采用直接起动的方式，但是起动电流大。而大、中容量的电动机需采用减压起动的方式。减压起动的方式主要有串电阻减压起动、星-三角减压起动、自耦变压器降减起动和软起动器减压起动等。其中软起动器减压起动性能最好，并且具有广泛的发展前景，不属于本项目范畴。

三相笼型异步电动机在采用减压起动时，由于转矩与电压的平方成正比例，所以起动转矩的下降会比电压下降的程度大，这对起动性能而言，将是一个弊端，当负载较大时，电动机有可能无法起动。因此，如果采用减压起动，一定事先估算出起动转矩与负载转矩的数据，以确保电动机顺利启动。

1. 定子串电阻减压起动电气原理图

定子串电阻减压起动，这种起动方式是，在电动机的定子绕组上串接电阻。起动电流在电阻上产生电压降，使电动机的电压减小。待起动完毕，将电阻切除（短接），使电动机在额定电压下（全压）运行。电气原理图如图7-1所示。

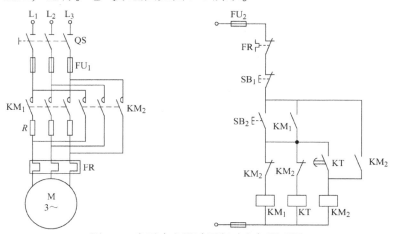

图7-1 定子串电阻减压起动电气原理图

2. 工作原理分析

合上开关 QS，按下起动按钮 SB₂，接触器 KM₁ 线圈通电并自锁。时间继电器 KT 线圈通电，但延时闭合动合（常开）触头 KT 需延时才会闭合，故接触器 KM₂ 线圈无电。电动机经 KM₁ 的主触头与减压电阻 R 串联实现减压起动。

当电动机起动过程完毕（接近额定转速时），时间继电器延时闭合动合（常开）触头 KT 闭合，接触器 KM₂ 通电并实现自锁，其两个辅助动分（常闭）触头 KM₂ 断开，使 KM₁ 和 KT 的线圈均失电，KM₁ 的主触头分断，切除减压电阻 R；KM₂ 的主触头闭合，电动机在全压下运行。

7.2 任务2 笼型异步电动机星–三角减压起动电路分析

任务描述

绘制、分析三相异步电动机星–三角减压起动控制电路。要求电路具有必要的保护环节，能够实现减压起动，并能够对其典型故障进行分析与排除。

星–三角减压起动的基本原理是利用电动机定子绕组连接方法的改变来达到减压起动的目的。凡是在正常运行时定子绕组联结成三角形的电动机，均可采用这种方式起动。

起动时，定子绕组联结成星形，起动完毕后，再将定子绕组换成三角形联结。

常用的有手动控制、按钮控制和时间继电器控制三种方法。

7.2.1 手动星–三角起动器分析

手动星–三角起动器的接线原理图和触点闭合表如图 7-2 所示。起动器的手柄有丫（起动）、△（运行）和 0（停止）3 个位置。起动时将手柄扳到丫的位置，图中触点 1、2、5、6、8 闭合，电动机定子绕组星形联结起动。起动完毕后，将手柄扳到三角形联结位置，图中触点 5、6 断开，1、2、3、4、7、8 闭合，电动机定子绕组三角形全压运行。要停止时，

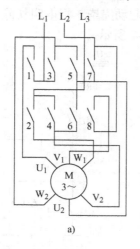

触点符号	手柄位置		
	起动 丫	停止 0	运行 △
1	×		×
2	×		×
3			×
4			×
5	×		
6	×		
7			×
8	×		×

×为接通

b)

图7-2 手动星–三角形减压起动器
a）接线原理图 b）触点闭合表

144

将电动机手柄扳回0位置，全部触点断开，电动机停转。手动星-三角起动器不带任何保护装置，所以要与低压断路器和熔断器等配合使用。

手动星-三角减压起动器具有结构简单、操作方便、价格低等优点，当电动机容量较小时，应优先考虑采用。

7.2.2 接触器控制星-三角减压起动分析

1. 接触器控制星-三角减压起动电气原理图

利用接触器控制来实现星-三角减压起动的电路原理图如图7-3所示。

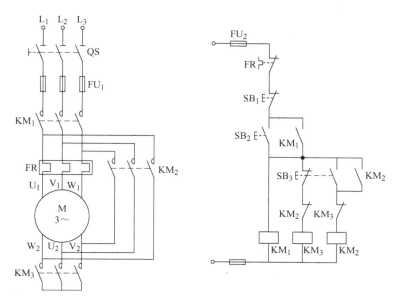

图7-3 接触器控制减压起动电气原理

2. 工作原理分析

如图7-3所示，接触器控制的星-三角减压起动控制电路，KM_1为电源接触器，KM_2为定子绕组三角形联结接触器，KM_3为定子绕组星形联结接触器。

电动机起动时，合上电源开关QS，接通整个控制电路电源。其控制过程为：按下星形减压起动按钮SB_2，接触器KM_1、KM_3线圈同时通电，并KM_1辅助触点闭合实现自锁，KM_1主触点闭合接通三相交流电源；KM_3主触点闭合将电动机三相定子绕组尾端短接，电动机星形起动；KM_3的动分（常闭）辅助触点（互锁触点）断开，对KM_2线圈互锁，使KM_2线圈不能得电。待电动机转速上升至一定值时，按下三角形全压运行切换按钮SB_3，SB_3动分（常闭）触点先断开，使KM_3线圈断电，KM_3主触点断开解除定子绕组的星形联结；KM_3动分（常闭）辅助触点（互锁触点）恢复闭合，为KM_2线圈通电做好准备，SB_3按钮动合（常开）辅助触点闭合后，KM_2线圈通电并自锁，KM_2主触点闭合，电动机定子绕组首尾顺次连接成"△"运行；KM_2动分（常闭）辅助触点（互锁触点）断开，使KM_3线圈不能通电。

电动机停转时，可按下停止按钮SB_1，接触器KM_1线圈断电释放，KM_1的动合（常开）

主触点、动合（常开）辅助触点（自锁触点）均断开，切断电动机主电路和控制电路，电动机停止转动。接触器 KM_2 的动合（常开）主触点、动合（常开）辅助触点（自锁触点）均断开，解除电动机定子绕组的三角形接法，为下次星形减压起动做好准备。

7.2.3 自动控制星-三角减压起动分析

1. 自动控制星-三角减压起动电气原理图

接触器控制的星-三角切换，需要通过按钮手动控制，存在操作不方便，切换时间不易掌握的缺点。因此可采用时间继电器控制的自动"丫-△"减压起动控制电路进行改造。自动星-三角减压起动控制电路，由 3 个交流接触器、1 个热继电器、2～3 个按钮开关和 1 个时间继电器组成。电气控制原理图如图 7-4 所示。

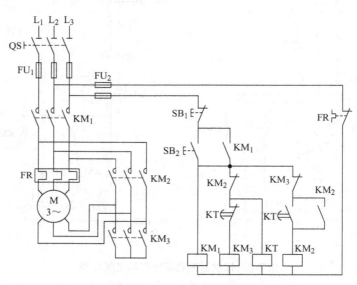

图 7-4　自动控制星-三角减压起动控制电路原理图

2. 工作原理分析

如图 7-4 所示，时间继电器控制的星-三角减压起动控制电路，与按钮控制电路相同的是，KM_1 仍为电源接触器，KM_2 仍为定子绕组三角形联结接触器，KM_3 仍为定子绕组星形联结接触器。

电动机起动时，合上电源开关 QS，接通整个控制电路电源。其控制过程为：按下星形减压起动按钮 SB_2，接触器 KM_1、KM_3 和时间继电器 KT 线圈同时通电，KM_1 辅助触点吸合并自锁，KM_1 主触点吸合接通三相交流电源；KM_3 主触点吸合将电动机三相定子绕组尾端短接，电动机实现星形起动；KM_3 的动分（常闭）辅助触点（互锁触点）断开对 KM_2 线圈互锁，使 KM_2 线圈不能通电；KT 按设定的丫形减压起动时间工作，待电动机转速上升至一定值（接近额定转速）时，时间继电器 KT 的延时时间结束，KT 延时断开触点动作，KM_3 断电，KM_3 主触点恢复断开，电动机断开星形接法；KM_3 动分（常闭）辅助触点（互锁触点）恢复闭合，为 KM_2 通电做好准备，KT 延时闭合触头动作，KM_2 线圈通电自锁，KM_2 主触点将电动机三相定子绕组首尾顺次连接成三角形，电动机接成三角形全压运行。同时

KM_2 的动分（常闭）辅助触点（互锁触点）断开，使 KM_3 和 KT 线圈都断电。

停止时按下停止按钮 SB_1，使接触器 KM_1、KM_2 线圈断电，KM_1 主触点断开切断电动机的三相交流电源，KM_1 自锁触点恢复断开解除自锁，电动机断电停转；所有触头都恢复常态，为下一次起动做好准备。

电动机采用星-三角减压起动，具有电路结构简单、成本低等特点。但使用时必须清楚，起动时的起动电流降为直接起动电流的 1/3，起动转矩也降为直接起动转矩的 1/3，因此，这种方法仅仅适于电动机轻载起动的场合。

7.3 任务3 笼型异步电动机自耦变压器减压起动电路分析

任务描述

绘制、分析三相异步电动机自耦变压器减压起动控制电路。要求电路具有必要的保护环节，能够实现减压起动，并能够对其典型故障进行分析与排除。

串电阻减压起动时，起动转矩损失过大，且电阻上有能量损耗，已基本被淘汰；星-三角减压起动，起动转矩无法调节，因而在使用时也会受到一定的限制。

采用自耦变压器减压起动，由于用于电动机减压起动的自耦变压器通常由三个不同的中间抽头，（匝数比 K_u 值一般为 65%、73%、85%），使用不同的中间抽头可以获得不同的限流效果和不同的起动转矩等级。因此，对于负载的选择来说范围就比星-三角更具有优势。

7.3.1 自耦变压器减压起动分析

1. 自耦变压器减压起动电气原理图

自动控制自耦变压器减压起动控制电路如图 7-5 所示。

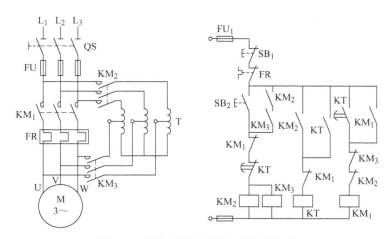

图 7-5　自耦变压器减压起动控制电路

2. 工作原理分析

如图 7-5 所示，合上开关 QS，按下起动按钮 SB_2，接触器 KM_2、KM_3 线圈通电，并通过

KM$_2$、KM$_3$辅助触点构成自锁，电动机自耦变压器减压起动开始，同时，时间继电器 KT 线圈通电并自锁，延时开始，当时间继电器延时结束，延时触点动作，KM$_2$、KM$_3$ 线圈先行断，自耦变压器切除，KM$_1$ 线圈通电，电动机进入正常运行，KM$_1$ 的动断触点切断时间继电器。

按下停止按钮 SB$_1$，电动机停止运行，所有触头恢复常态，为下一次起动做好准备。

7.3.2 自耦补偿器介绍

一般工厂经常采用成品的自耦补偿器来实现减压起动，这种自耦补偿器简称为补偿器。成品的补偿器包括手动和自动两种形式。

1. QJ10 型手动补偿器介绍

图 7-6 所示为 QJ10 型手动自耦补偿器电路，该补偿器的操作手柄有"起动""停机""运行" 3 个位置，并设有机械联锁机构，使手柄未经过"停止"位置不能扳到"运行"位置。自耦变压器二次绕组有 65% 和 85% 两档电压抽头，可根据电动机的负载情况选择起动电压。工作原理如下：

当手柄置于"停机"位置时，补偿器所有的触点都断开，电动机断电。开始起动时，将手柄向上扳到"起动"位置，图中左右两组（各 3 个）触点闭合，电动机三相定子绕组接入自耦变压器减压起动。转子接近额定转速时，可将手柄向下扳到"运行"位置，左、右两组触点断开，将自耦变压器从三相电源中切除；中间一组触点闭合，电动机全压运行。要停机时，只需按下停止按钮 SB，使失压脱扣器的线圈断电而造成衔铁释放，通过机械脱扣装置将运行一组的触点断开，同时手柄将自动调回到"停机"位置，为下一次起动做好准备。

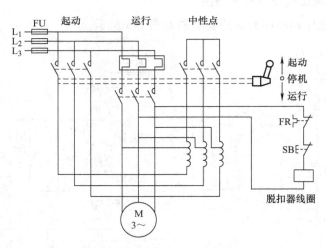

图 7-6　QJ10 型手动自耦补偿器电路

2. XJ01 型自动补偿器介绍

图 7-7 所示为 XJ01 型自动补偿器电路，适用于 14～28kW 电动机，工作原理分析如下：

此电路基本组成与前面的相同，主要增加了实际应用中 3 盏指示灯 HL$_1$、HL$_2$、HL$_3$，其中 HL$_1$ 为三相异步电动机全压运行指示灯，由接触器 KM$_2$ 的动合（常开）辅助触点控制；HL_2 为三相异步电动机串自耦变压器减压起动指示灯，由 KM_1 动合（常开）辅助触点和 KA 动分（常闭）触点共同控制；HL_3 为控制电路电源接通指示灯，起动开始一直到正常运行该灯均熄灭，由 KM_1 的动分（常闭）辅助触点和 KA 的动分（常闭）触点共同控制。

自耦变压器减压起动方式适合于大容量电动机，星形和三角联结皆可采用，特别适用于正常运行星形联结的电动机。通常自耦变压器的触点位置可以调整，根据前述的匝数比 K_u 值，可以适用不同的需要。它比串电阻起动效果好，但设备体积大，重量重，价格贵。

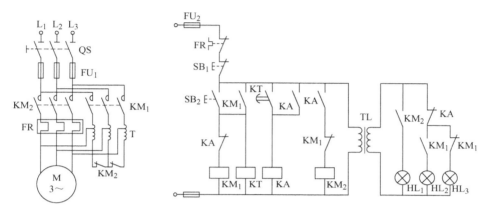

图 7-7　XJ01 型自动补偿器电路

7.4　习题

1. 选择题

1）星–三角减压起动只适合于（　　　）下起动。

A. 满载　　　　　　B. 过载　　　　　　C. 轻载或空载　　　　　　D. 任意条件

2）在图 7-8 所示的星–三角减压起动电路中，接触器 KM_1 的作用是（　　　　）。

A. 起动　　　　　　B. 引入电源　　　　C. 运行　　　　　　D. 起动或运行

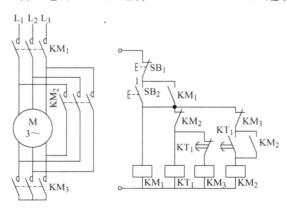

图 7-8　选择题第 2 题图

3）异步电动机采用补偿器起动时，其三相定子绕组的接法是（　　）。

A. 只能采用三角形联结　　　　　　B. 只能采用星形联结

C. 只能采用星–三角联结　　　　　　D. 三角形联结和星形联结都可以

2. 简答题

1）图7-8是星–三角减压起动控制电路，试分析其工作原理。与图7-4作比较，哪个电路较好些？

2）图7-9是串电阻减压起动控制电路，试分析其工作原理，与图7-1作比较，有何不同？

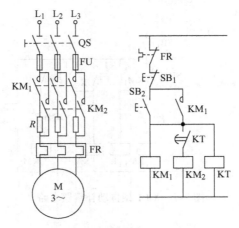

图7-9　简答题第2题图

项目8 三相异步电动机制动控制电路的设计、分析、安装与检测

学习目标：

1）掌握三相异步电动机单向起动反接制动和能耗制动的控制环节，并能绘制相应的电气原理图。

2）掌握三相异步电动机制动控制电路中低压电器的结构、工作原理及选用。

3）能够对电动机制动中各典型控制电路及低压电器进行故障分析。

8.1 任务1 三相异步电动机反接制动电路的设计与分析

任务描述

设计三相异步电动机制动控制电路。要求实现电源反接制动，并能够对其典型故障进行检测及排除。

三相异步电动机从断开电源到完全停止旋转，由于惯性的关系，总要经过一段时间，这往往不能适应某些生产机械工艺的要求。例如：万能铣床、组合机床以及桥式起重机的行走，吊钩的升降等，无论是从提高生产效率，还是从安全及准确停车等方面考虑，都要求电动机能迅速停车，必须对电动机进行制动控制。电动机的制动方法可分为机械制动和电气制动两大类。机械制动是用机械装置来强迫电动机迅速停车；电气制动实质上是在制动时，产生一个与原来旋转方向相反的制动转矩，迫使电动机转速迅速下降。下面介绍电气制动的一些具体方法。

首先介绍电气反接制动方法，由于反接制动时，转子与旋转磁场的相对速度接近于两倍的同步转速，所以定子绕组中流过的反接制动电流相当于全电压直接起动时电流的两倍，因此反接制动的特点是制动迅速、冲击大，通常适用于10kW以下的小容量电动机。为了减小冲击电流，通常要求在电动机主电路中串接一定的电阻以限制反接制动电流，这个电阻称为反接制动电阻。

值得注意的是，当电动机转速接近零值时，应立即切断电动机电源，否则电动机将反转。为此，在反接制动电路中，为保证电动机的转速在接近零时能迅速切断电源，防止反向起动，常利用速度继电器（又称为反接制动继电器）来自动切断电源，这种利用速度继电器发出工作状态改变命令的控制方式，称为按速度原则控制。

反接制动的关键在于电动机电源相序的改变，且当转速下降接近于零时，能自动将电源断开。为此采用了速度继电器来检测电动机的速度变化，在120～3000r/min范围内速度继电器触头动作，动合（常开）触点闭合；当转速低于100r/min时，其触头恢复原位，其电气原理如图8-1所示。该电路的主电路和正反转控制电路的主电路相似，只是在反接制动时增加了3个限流电阻 R。电路中 KM_1 为正转运行接触器，KM_2 为反接制动接触器，KV 为速度继电器，其轴与电动机轴相连（图8-1中用点画线表示）。

合上电源隔离开关 QS，按下起动按钮 SB_2，交流接触器 KM_1 线圈通电并自锁，KM_1 主触点闭合接通电源，电动机直接起动并开始正常运行，同时速度继电器 KV 动合触点闭合，为电源反接制动停车做好准备。

停车时按下停止按钮 SB_1，复合按钮 SB_1 动分（常闭）触点先断开，先切断线圈 KM_1，SB_1 动合（常开）触点后闭合，再接通线圈 KM_2 回路并自锁，电动机改变相序进入反接制动状态，当电动机转速下降到速度继电器的释放值（100r/min 左右）时，速度继电器 KV 触点释放，

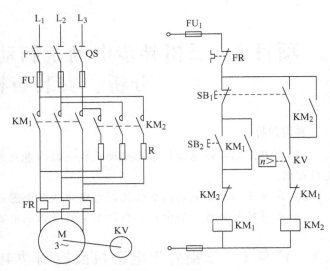

图 8-1 三相异步电动机反接制动控制电路图

切断线圈 KM_2 所在回路，电动机结束反接制动。

速度继电器的动作值通常调整到 120r/min 左右，释放值则调整至 100r/min 左右。释放值调得太大时，反接制动不充分，自由停车时间过长；调得过小时则可能会出现不能及时断开电源而造成电动机短时间反转现象。

反接制动力矩大、效果明显，但制动瞬间过大的制动力矩会造成对设备过大的机械冲击，使机械设备产生振动；同时，制动电流对电网的冲击大。因此，在工作中应该适当限制每小时反接制动的次数。反接制动主要用于设备停车。

8.2 任务 2 三相异步电动机能耗制动控制电路设计与分析

任务描述

设计三相异步电动机制动控制电路。要求分别用时间原则和速度原则实现对异步电动机单向及双向运行能耗制动。

8.2.1 能耗制动控制电路介绍

能耗制动的原理是异步电动机脱离三相交流电源后，给定子绕组加一直流电源，以产生静止的磁场，当电动机旋转时，转子导体切割该静止磁场时产生与其旋转方向相反的力矩，从而达到制动目的。

能耗制动的优点是制动准确、平稳，且能量消耗较小。缺点是需要附加直流电源装置，设备费用较高，投资较大，另一缺点就是制动力较弱，特别是在低速时这一缺点尤为突出，故制动效果较反接制动差。因此能耗制动一般用于要求制动准确、平稳的场合，如铣床、钻床和磨床等容量较大的机床电动机或制动较频繁的场合，但不适合用于紧急制动停车。

需要注意的是，10kW 以下小容量电动机通常采用无变压器半波整流能耗制动，10kW 以上容量的较大电动机多采用有变压器全波整流能耗制动自动控制电路。

能耗制动通常有两种控制方案，即按时间原则控制和按速度原则控制。

8.2.2　按时间原则控制的单向运行能耗制动控制电路

时间原则控制是指用时间继电器来控制制动时间，制动结束时时间继电器发出制动结束信号，通过控制电路切断直流电源的控制方法。

图 8-2 所示为时间原则控制的单向能耗制动控制电路。图中 KM_1 为单向运行接触器，KM_2 为能耗制动接触器，VC 为桥式整流电路，T 为整流变压器。

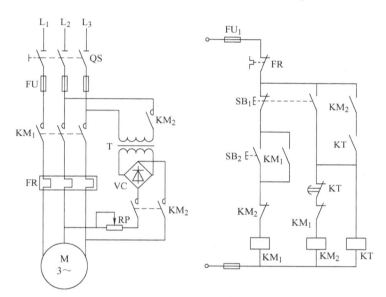

图 8-2　时间原则控制笼型电动机单向能耗制动控制电路

电路的工作原理简单分析如下：电动机正常运行后，需要停车时按下停止按钮 SB_1，交流接触器 KM_1 线圈断电，KM_2、KT 线圈通电并自锁，电动机脱离三相交流电源，同时接通直流电源，能耗制动开始，当时间继电器 KT 延时结束动作后，即 KT 动分（常闭）触点延时断开后，切断 KM_2 线圈回路，电动机脱离直流电源，能耗制动结束。同时 KM_2 动合（常开）触点复位，切断 KT 线圈回路，KT 线圈断电。

8.2.3　按速度原则控制的单向运行能耗制动控制电路

采用时间原则控制的能耗制动通常适合负载比较恒定的场合；若负载变化较大时，由于制动时间的长短与电动机负载大小有关，就需要经常调整时间继电器的整定时间，这就显得有些麻烦，此时采用速度原则控制就比较方便。

按速度原则控制是指用速度继电器来控制制动过程，由速度继电器发出制动结束信号，通过控制电路切断直流电源的控制方法。

图 8-3 所示为按速度原则控制的单向运行能耗制动控制电路。该电路与图 8-2 所示的电路基本相同，仅是控制电路中取消了时间继电器 KT 的线圈及其触点电路，而在电动机轴伸

出端安装了速度继电器 KV，并逐步形成用 KV 的动合（常开）触点取代了时间继电器 KT 延时断开的动分（常闭）触点。这样，该电路中的电动机在刚刚脱离三相交流电源时，由于电动机转子的惯性速度仍很高，速度继电器 KV 的动合（常开）触点仍然处于闭合状态，所以接触器 KM₂ 线圈能够依靠 SB₁ 按钮的按下得电并自锁。于是，两相定子绕组获得直流电源，电动机进入能耗制动状态。当电动机转子的旋转速度接近于零时，KV 动合（常开）触点复位，切断接触器 KM₂ 线圈回路，能耗制动结束。

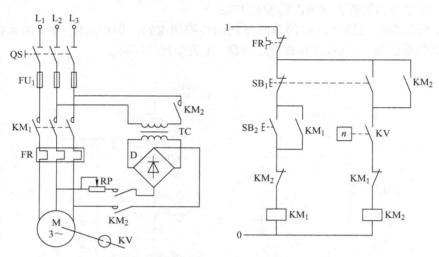

图 8-3   速度原则控制的笼型电动机单向能耗制动控制电路

8.2.4   按速度原则控制的可逆运行能耗制动控制电路

图 8-4 所示为按速度原则控制的可逆运行能耗制动控制电路。电路中，KV⁺ 为电动机正转时闭合的速度继电器触点，KV⁻ 为电动机反转时闭合的触点。控制电路中接触器线圈 KM₁、KM₂ 三者之间必须两两互锁，以防止交流电源以及交直流电源短路事故发生。其工作原理参照图 8-3 的原理描述即可。

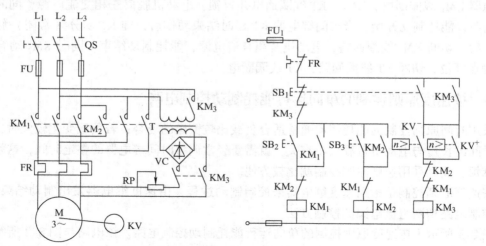

图 8-4   速度原则控制的可逆运行能耗制动控制电路

8.3 技能训练 三相异步电动机制动控制电路的安装与检测

任务描述

通过实训方式掌握三相异步电动机的制动控制电路的原理、安装和调试方法。

8.3.1 三相异步电动机反接制动控制电路的安装与检测

1. 实训目的

1）掌握速度继电器的用途、工作原理、结构及电气符号绘制。

2）掌握三相异步电动机反接制动电气原理图。

3）能够将反接制动电气原理图转化为实际使用的安装接线图。

2. 相关知识

1）速度继电器原理、结构、作用及符号。

2）电动机反接制动电气原理图。

3. 仪器与设备

380V 动力电源、断路器、三相交流异步电动机、速度继电器、交流接触器、热继电器、熔断器、按钮、电阻、导线若干。（数量见原理图）

4. 操作内容与步骤

1）绘制电源反接制动电气原理图

2）按照电气原理图进行器件布局及接线。

3）合上电源隔离开关 QF，按下起动按钮，使电动机转动。

4）待电动机转速上升到一定速度，按下制动按钮，起动制动控制电路。观察电动机转速变化。

5）实训结束，切断电源（断开 QF），再拆线，并将实训器件整理好。

5. 注意事项

按下制动按钮，看制动效果如何，如无制动效果将电源切断，重新换一组速度继电器的动合触点，再试一次。

6. 完成实训报告

8.3.2 三相异步电动机能耗制动控制电路的安装与检测

1. 实训目的

1）掌握时间继电器的用途、工作原理、结构及电气符号绘制。

2）掌握三相异步电动机时间原则控制的单向能耗制动控制电路原理图。

3）能够将时间原则控制的单向能耗制动控制电路原理图转化为实际使用的安装接线图。

2. 相关知识

1）时间继电器原理、结构、作用及符号。

2）三相异步电动机时间原则控制的单向能耗制动控制电路原理图。

3. 仪器与设备

380V动力电源、断路器、三相交流异步电动机、时间继电器、交流接触器、热继电器、熔断器、按钮、电阻、导线若干（数量见原理图）、桥式整流电路、整流变压器。

4. 操作内容与步骤

1）绘制时间原则控制的单向能耗制动控制电路电气原理图。

2）按照电气原理图进行器件布局及接线。

3）合上电源隔离开关QF，按下起动按钮，使电动机转动。

4）待电动机转速上升到一定速度，按下制动按钮，起动制动控制电路。观察电动机转速变化。

5）实训结束，切断电源（断开QF），再拆线，并将实训器件整理好。

5. 注意事项

按下制动按钮，看制动效果如何，注意观察时间继电器动作时间是否能很好地控制电动机制动过程，即电动机转速为零时，时间继电器延时触点发生动作，切断制动控制电路。

6. 完成实训报告

8.4 习题

1. 简答题

1）电动机的制动方法一共有哪些种？

2）简述异步电动机电气反接制动的工作原理。

3）简述异步电动机电气能耗制动的工作原理。

4）总结反接制动与能耗制动的区别和优缺点。

5）能耗制动线路中，电动机运行接触器和直流电源接触器是否需要互锁？为什么？

2. 选择题

1）以下哪个属于机械制动？（　　　）

A. 反接制动　　　B. 能耗制动　　　C. 电磁抱闸制动器　　　D. 电容制动

2）反接制动是依靠改变电动机定子绕组的（　　　）来产生制动力矩。

A. 串接电阻　　　B. 电源相序　　　C. 串接电容　　　D. 电流大小

3）对于要求制动准确、平稳的场合，应采用（　　　）制动。

A. 反接　　　B. 能耗　　　C. 电容　　　D. 再生

4）能耗制动时当电动机断电后，立即在定子绕组的任意两相中通入（　　　）迫使电动机迅速停转的方法。

A. 直流电　　　B. 交流电　　　C. 直流电和交流电　　　D. 直流脉冲

5）三相异步电动机反接制动的优点是（　　　）。

A. 制动平稳　　　B. 能耗较小　　　C. 制动迅速　　　D. 定位准确

项目 9　典型机床电气控制电路的分析

学习目标

1）掌握 CA6140 型普通车床的主要结构和运动形式。

2）掌握 CA6140 型普通车床电气控制电路及常见故障分析。

3）掌握 M7130 型平面磨床主要结构和运动形式。

4）掌握 M7130 型平面磨床电气控制电路。

5）掌握 X62W 铣床主要结构和运动形式。

6）掌握 X62W 铣床电气控制电路。

9.1　任务 1　CA6140 型普通车床电气控制电路分析

任务描述

绘制、分析 CA6140 型普通车床电气控制电路。熟练掌握基本控制环节。通过读图分析，掌握基本控制环节的组合方式和特殊控制要求的实施方法。

9.1.1　CA6140 型普通车床的主要结构和运动形式

车床是一种应用极为广泛的金属切削机床，主要用于加工各种回转表面，如内外圆柱面、端面和成型回转面等，还可以用于车削螺纹。图 9-1 所示为 CA6140 型普通车床的结构示意图。如图所示，CA6140 型普通车床主要由床身、主轴箱、进给箱、溜板箱、刀架、丝杠、光杠和尾架等部分组成。

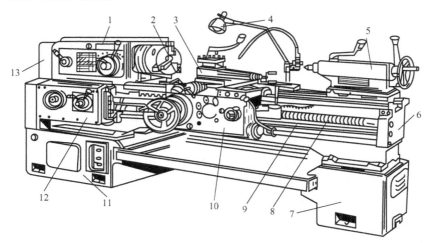

图 9-1　CA6140 型普通车床的结构示意图

1—主轴箱　2—卡盘　3—溜板和刀架　4—照明灯　5—尾架　6—床身　7—床腿（内装冷却液）

8—丝杠　9—光杠　10—溜板箱　11—床腿（内装电动机）　12—进给箱　13—挂轮箱

普通车床的运动主要包括主轴旋转运动、刀架直线运动、相关辅助运动三部分。

车床进行切削加工的过程包括主轴旋转运动（卡盘带着工件旋转的主运动）和刀架直线运动（刀具的直线进给运动）。车削速度是指工件与刀具接触点的相对速度。车床根据工件的材料性质、车刀材料和几何形状、工件直径、加工方式及冷却条件的不同，要求主轴有不同的切削速度。主轴变速是由主轴电动机经传输带传递到主轴变速箱来实现的。车床的刀架直线运动称为进给运动。溜板箱把丝杠或光杠的转动传递给刀架部分、变换溜板箱外的手柄位置，经刀架部分使车刀作纵向或横向进给。

车床的辅助运动是指车床上除切削运动以外的其他一切必需的运动，如刀架的快速移动，工件的夹紧与放松等。

9.1.2　CA6140 型普通车床电力拖动的特点及控制要求

根据加工工艺要求，车床主轴应能够在相当宽的范围内进行调速，CA6140 型普通车床主轴正转速度有 24 种（10~1400r/min），反转速度有 12 种（14~1580r/min），对电力拖动的特点及控制要求如下：

1）主轴电动机一般选用三相笼型交流异步电动机，不进行电气调速。

2）在车削螺纹时，要求主轴有正、反转运动，由主拖动电动机来实现。

3）主拖动电动机的起动、停止采用按钮操作。一般普通车床上的三相异步电动机均采用直接起动，停止采用机械制动的方法。

4）刀架移动与主轴转动有固定的比例关系，以便满足对螺纹的加工需要。

5）车削加工时，由于刀具及工件温度升高，有时需要冷却，因而需配有冷却泵电动机。且要求在主拖动电动机起动后，方可决定冷却泵是否起动，而当主拖动电动机停止时，冷却泵应立即停止。即实现主轴电动机和冷却泵电动机顺序起动，同时停止的设计要求。

6）电路必须有过载、短路、欠电压和失电压保护。

7）电路应具有安全的局部照明装置。

9.1.3　CA6140 型普通车床的电气控制电路分析

图 9-2 所示为 CA6140 型普通车床的电气控制原理图，可分为主电路、控制电路及照明电路三部分。下面主要对主电路和控制电路进行分析。

1. 主电路分析

主电路共有 3 台电动机：M_1 为主轴电动机，带动主轴旋转和刀架作进给运动；M_2 为冷却泵电动机，用于输送切削液；M_3 为刀架快速移动电动机。

扳动断路器 QF，将三相电源引入。主轴电动机 M_1 由接触 KM 控制起停，热继电器 FR_1 作为过载保护。熔断器 FU 作为短路保护，接触器 KM 作为失电压、欠电压保护。冷却泵电动机 M_2 由中间继电器 KA_1 控制，热继电器 FR_2 作为过载保护。刀架快速移动电动机 M_3 由中间继电器 KA_2 控制，由于是点动控制，故未设过载保护。FU_1 作为冷却泵电动机 M_2、快速移动电动机 M_3、控制变压器 TC 的短路保护。

2. 控制电路分析

控制变压器 TC 二次绕组输出的 110V 电压提供。在正常工作时，位置开关 SQ_1 的动合

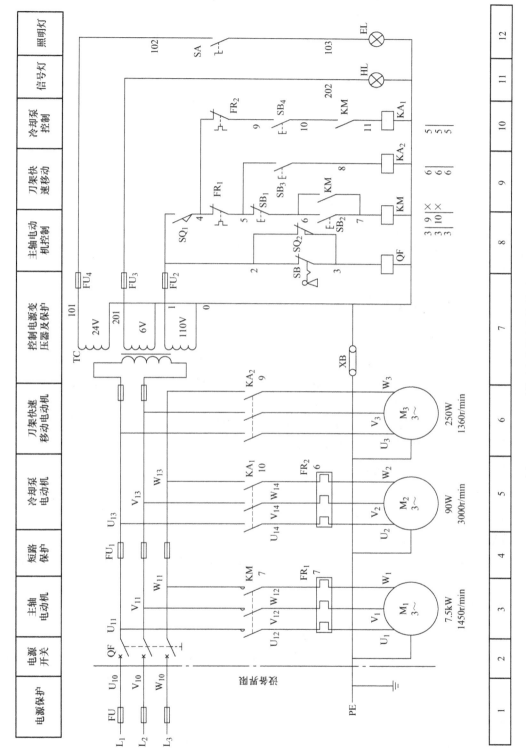

图9-2 CA6140型普通车床的电气控制原理图

（常开）触头闭合。打开床头的皮带罩后，SQ_1 断开，切断控制电路电源，以确保人身安全。钥匙开关 SB 和位置开关 SQ_2 在正常工作时是断开的，QF 线圈不通电，断路器 QF 能合闸。打开配电盘的壁龛门时，SQ_2 闭合，QF 线圈得电，断路器 QF 自动断开。

1）主轴电动机的控制。

按下绿色按钮 SB_2，接触器 KM 的线圈通电吸合，其主触点闭合，主轴电动机起动运行时，KM 动合触点 6－7 闭合，起自锁作用。另一组动合触点 10－11 闭合，为冷却泵电动起动作准备。停车时，按下红色按钮 SB_1，KM 线圈断电释放，M_1 停车。

2）冷却泵电动机 M_2 的控制。

由于主轴电动机 M_1 和冷却泵电动机 M_2 在控制电路中采用顺序控制，只有当主轴电动机 M_1 起动后，即 KM 动合（常开）触头（10－11）闭合，合上旋钮开关 SB_4，冷却泵电动机 M_2 才可能起动。当主轴电动机 M_1 停止运行时，冷却泵电动机 M_2 自行停止。

控制变压器 TC 的二次绕组另分别输出 24V 和 6V 的电压，作为车床低压照明灯和信号灯的电源。EL 为车床的低压照明灯，由开关 SA 控制；HL 为电源信号灯，EL、HL 分别由 FU_4 和 FU_3 作为短路保护。

9.1.4 CA6140 型普通车床常见电气故障分析

1. 主轴电动机 M_1 不能起动

发生主轴电动机不能起动的故障时，首先检查故障是发生在主电路还是控制电路，若按下起动按钮，接触器 KM 不吸合，此故障则发生在控制电路，应主要检查 FU_2 是否熔断，过载保护 FR_1 是否动作，接触器 KM 的线圈接线端是否松脱，按钮 SB_1、SB_2 的触点接触是否良好。若故障发生在主电路，应检查车间配电箱及主电路开关 QF 是否跳闸，导线连接处是否有松脱现象，KM 主触点的接触是否良好。

2. 主轴电动机起动后不能自锁

按下起动按钮时，主轴电动机能起动运转，但松开起动按钮后，主轴电动机也随之停止。造成这种故障的原因是接触器 KM 的自锁触点的连接导线松脱或接触不良。

3. 主轴电动机不能停止

造成主轴电动机不能停止的原因多为接触器 KM 的主触点发生熔焊或停止按钮损坏所致。

4. 主轴电动机 M_1 断相运行

按下按钮 SB_2 时，主轴电动机 M_1 不能起动并发出"嗡嗡"声，或是在运行过程中突然发出"嗡嗡"声，这是主轴电动机发生断相故障的现象。发现主轴电动机断相，应立即切断电源，避免损坏主轴电动机。在找出故障原因并排除后，主轴电动机 M_1 应能正常起动并运行。

5. 电源总开关合不上

电源总开关合不上的原因有两个：一是电气箱盖没有盖好，导致 SQ_2（2－3）行程开关处于闭合，二是钥匙电源开关 SB 没有右旋到断开的位置。

6. 指示灯亮但各电动机均不能起动

造成指示灯亮但各电动机均不能起动的主要原因是 FU_2 的熔体断开，或挂轮架的皮带罩没有罩好，行程开关 SQ_1 动合（常开）触点断开。

7. 行程开关 SQ_1、SQ_2 故障

在使用 CA6140 车床前，首先应调整行程开关 SQ_1、SQ_2 的位置，使其动作正确，才能起到安全保护的作用。由于长期使用车床，可能出现行程开关松动移位，导致打开床头挂轮架的皮带罩时 SQ_1 动合（常开）触点断不开或打开配电盘的壁龛门时 SQ_2（2－3）触点不闭合，因而失去人身安全保护的作用。

8. 带钥匙开关 SB 的断路器 QF 故障

带钥匙开关 SB 的断路器 QF 的主要故障是钥匙开关 SB 失灵，以致失去保护作用。在使用时，应检验将钥匙开关 SB 左旋时断路器 QF 能否自动跳闸，跳开后若又将 QF 合上，经过 0.1s 后断路器能否自动跳开。

9.2　任务2　M7130 型平面磨床电气控制电路分析

任务描述

绘制、分析 M7130 型平面磨床电气控制电路。熟练掌握基本控制环节。通过读图分析，掌握基本控制环节的组合方式和特殊控制要求的实施方法。

9.2.1　M7130 型平面磨床的主要结构和运动形式

磨床是用砂轮的周边或端面进行加工的精密机床。砂轮的旋转是主运动，工件或砂轮的往复运动为进给运动，而砂轮架的快速移动及工作台的移动为辅助运动，磨床的种类很多，按其工作性质可分为外圆磨床、内圆磨床、平面磨床、工具磨床以及一些专用磨床等。其中平面磨床应用最为普通。

M7130 型平面磨床型号的含义如图 9-3 所示。

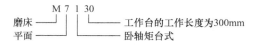

图 9-3　M7130 型平面磨床型号的含义

图 9-4 所示为 M7130 型平面磨床的结构示意图。在箱形床身中装有液压传动装置，工作台通过活塞杆由液压驱动在床身导轨上作往复运动。工作台表面有了形槽，用于安装电磁吸盘或直接安装大型工件。工作台往返运动的行程长度可通过调节装在工作台正面槽中撞块的位置来改变。换向撞块通过碰撞工作台往复运动换向手柄来改变油路方向，从而实现工作台的往复运动。

在床身上固定有立柱，沿立柱的导轨上装有滑座，砂轮箱能沿滑座的水平导轨作横向移动。砂轮轴由装入式砂轮电动机直接驱动，并通过滑座内部的液压传动机构实现砂轮箱的横向移动。

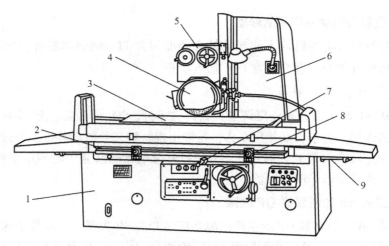

图 9-4 M7130 型平面磨床的结构示意图

1—床身 2—工作台 3—电磁吸盘 4—砂轮箱 5—滑座 6—立柱
7—换向阀手柄 8—换向撞块 9—液压缸活塞杆

滑座可在立柱导轨上作垂直移动，由装在床身上的垂直进刀手轮操作。砂轮箱的水平轴向移动可由装在滑座上的横向移动手轮换作，也可由活塞杆连续或间断横向移动，连续移动用于调节砂轮位置或整修砂轮，间断移动用于进给。

M7130 型平面磨床的主运动是砂轮的旋转运动。进给运动有垂直进给即沿座在立柱上下运动；横向进给即砂轮箱在滑座水平运动；纵向进给即工作台沿床身往复运动。工作台每完成一次往复运动时，砂轮箱便作一次间断性的横向进给，当加工完整个平面后，砂轮箱作一次间断性垂直进给。

9.2.2 M7130 型平面磨床电力拖动的特点及控制要求

1. M7130 型平面磨床电力拖动的特点

1）M7130 型平面磨床采用多电动机拖动，其中砂轮电动机拖动砂轮旋转；液压电动机拖动液压泵压出压力油，经液压传动机构来实现工作台的纵向进给运动，并通过工作台的撞块操作床身上的液压换向阀，改变压力油的流向，实现工作台的换向和自动往复运动；冷却泵电动机拖动冷却泵，供给磨削加工时需要的冷却液。

2）为保证加工精度，机床运行必须平稳，工作台往复运动换向时应惯性小、无冲击，因此，进给运动均采用液压传动。

3）为保证磨削加工精度，要求砂轮有较高转速，通常采用两极笼型异步电动机拖动。为提高砂轮主轴的刚度，采用装入式电动机直接拖动，电动机与砂轮主轴同轴。

4）为减小工件在磨削加工中的热变形，并在磨削加工时冲走磨屑和砂粒，以保证磨削精度，需使用冷却液。

5）平面磨床常用电磁吸盘，以便吸紧特小工件得以自由伸缩，保证加工精度。

2. M7130 型平面磨床电气控制的要求

1）砂轮电动机、液压泵电动机和冷却泵电动机都只要求单方向旋转。

2）冷却泵电动机应在砂轮电动机起动后才可选择其是否起动。

3）在正常磨削加工中，若电磁吸盘吸力不足或吸力消失时，砂轮电动机与液压泵电动机应立即停止工作，以防工件被砂轮打飞而发生安全事故。当不加工时，即电磁吸盘不工作时，允许主轴电动机与液压泵电动机起动，以便机床作调整运动。

4）电磁吸盘应有吸牢工件的正向励磁、松开工件的断开励磁以及抵消剩磁便于取下工件的反向励磁控制环节。

5）具有完善的保护环节。各电路的短路保护，各电动机的长期过载保护，零电压与欠电压保护，电磁吸盘吸力不足的欠电流保护，零电压、欠电压保护，以及电磁吸盘断开直流电源时，将产生高压，危及电路中其他元器件的过电压保护等。

6）机床安全照明与工件去磁环节。

9.2.3 M7130 型平面磨床电气控制电路分析

图 9-5 所示为 M7130 型平面磨床电气控制原理图。其电气设备主要安装在床身后部的壁龛盒内，控制按钮安装在床身前部的电气操作盒上。电气控制电路可分为主电路、控制电路、电磁吸盘控制电路和机床照明电路等部分。

1. 主电路分析

如图 9-5 所示，在主电路中，M_1 为砂轮电动机，M_2 为冷却泵电动机，M_3 为液压泵电动机，各电动机的控制和保护电器如表 9-1 所示。

表 9-1 M7130 型磨床各电动机的控制和保护电器

名称及代号	控 制 电 器	过载保护电器	短路保护电器
砂轮电动机 M_1	KM_1	FR_1	FU_1
冷却泵电动机 M_2	插接器、KM_1	无	FU_1
液压泵电动机 M_3	KM_2	FR_2	FU_1

砂轮电动机 M_1、冷却泵电动机 M_2 与液压泵电动机 M_3 皆为单方向旋转，并且无调速要求。其中 M_1、M_2 由接触器 KM_1 控制，由于冷却泵箱和床身是分开安装的，所以冷却泵电动机 M_2 经接插器 X_1 和电源连接。当需要冷却液时，将插头插入插座，液压泵电动机 M_3 由接触器 KM_2 控制。

3 台电动机共用熔断器 FU_1 作短路保护，M_1、M_2 由热继电器 FR_1 过载保护。M_3 由热继电器 FR_2 做长期过载保护。

2. 控制电路分析

1）砂轮电动机和冷却泵电动机的控制。

按下起动按钮 SB_2，接触器 KM_1 的线圈通电吸合，其主触点闭合，砂轮电动机 M_1 起动并正常运行。同时 KM_1 动合触点（5－6）闭合，起自锁作用。按下停止按钮 SB_1，KM_1 线圈断电释放，砂轮电动机 M_1 停转。

2）液压泵电动机的控制。

与砂轮电动机 M_1 同时起动、停止。按下起动按钮 SB_4，接触器 KM_2 的线圈通电吸合，其主触点闭合，液压泵电动机 M_2 起动并正常运行。同时，KM_2 动合触点（7－8）闭合，起自锁作用。按下停止按钮 SB_3，KM_2 线圈断电释放，M_2 停转。

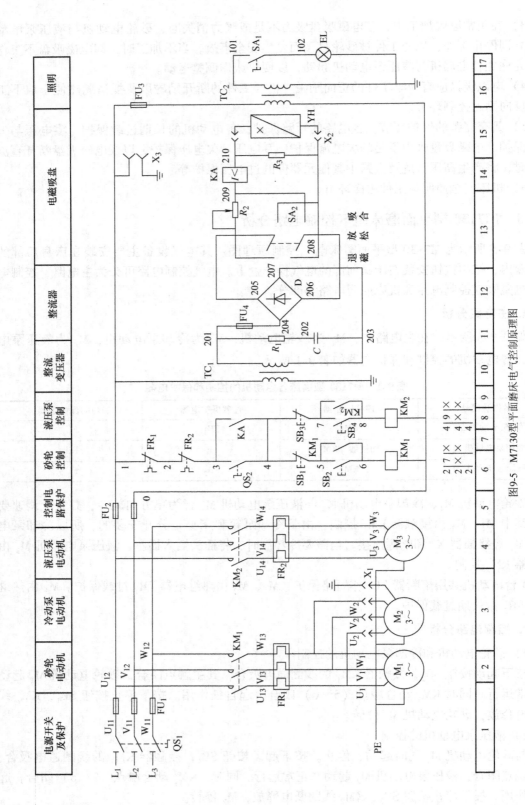

图9-5 M7130型平面磨床电气控制原理图

9.3 任务3 X62W 万能铣床电气控制电路分析

任务描述

绘制、分析 X62W 万能铣床电气控制电路。熟练掌握基本控制环节。通过读图分析，掌握基本控制环节的组合方式和特殊控制要求的实施方法。

9.3.1 X62W 铣床的主要结构和运动形式

铣床是一种高效率的铣削加工机床，可用来加工各种表面、沟槽和成形面等；装上分度头以后，可以加工直齿轮或螺旋面；装上回转圆形工作台则可以加工凸轮和弧形槽。铣床的应用范围很广，在金属切削机床中铣床的数量仅次于车床。铣床的种类很多，按结构形式和加工性能分为立式铣床、卧式铣床、龙门铣床和各种专用铣床。

下面以应用最广泛的 X62W 卧式万能铣床为例，对铣床电气控制电路进行分析 X62W 卧式万能铣床具有主轴转速高、调速范围宽、操作方便、工作台能自动循环加工等特点，其主要结构如图 9-6 所示。

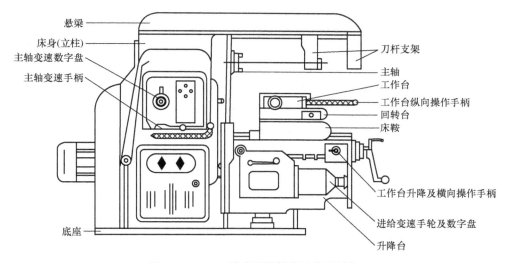

图 9-6 X62W 卧式万能铣床的主要结构

X62W 铣床主要由底座、床身、悬梁、主轴、刀杆支架、回转台和升降工作台等主要部件组成。

固定在底座上的箱型床身是机床的主体部分，用来安装和连接机床的其他部件，床身内装有主轴的传动机构和变速操纵机构。在床身顶部的燕尾形导轨上装有可沿水平方向调整位置的悬梁。刀杆支架装在悬梁的下面用以支撑刀杆，以提高其刚性。

铣刀装在由主轴带动旋转的刀杆上。为了调整铣刀的位置，悬梁可沿水平导轨移动，刀杆支架也可沿悬梁作水平移动。升降台装在床身前侧面的垂直导轨上，可沿垂直导轨上下移动。在升降台上面的水平导轨上，装有可在平行于主轴轴线方向横向移动（前后移动）的溜板，溜板上部装有可以转动的回转台。工作台装在回转台的导轨上，可以作垂直于轴线方向的纵向移动（左右移动）。由此可见，通过燕尾槽固定于工作台上的工件，通过工作台、溜板、升降台，可以在上、下、左、右、前及后3个相互垂直方向实现任一方向的调整和进给。也可通过回转台绕垂直轴线左右旋转45°，实现工作台在倾斜方向的进给，以加工螺旋槽。另外，工作台上还可以安装圆形工作台以扩大铣削加工范围。

从上述分析可知，X62W卧式万能铣床有3种运动。主轴带动铣刀的旋转运动称为主运动；加工中工作台或进给箱带动工件的移动以及圆形工作台的旋转运动称为进给运动；工作台带动工件在3个方向的快速移动称为辅助运动。

9.3.2　X62W铣床电力拖动的特点及控制要求

1）X62W万能铣床的主运动和进给运动之间，没有速度比例协调的要求，从机械结构的合理性考虑。主轴与工作台各自采用单独的笼型异步电动机拖动。

2）主轴电动机M_1是在空载时直接起动。为完成顺铣和逆铣，要求电动机能正反转，可在加工之前根据铣刀的种类预先选择转向，在加工过程中不必变换转向。

3）为了减小负载波动对铣刀转速的影响，以保证加工质量，在主轴传动系统中装有惯性轮。为了能实现快速停车的目的，要求主轴电动机采用停车制动控制。

4）工作台的纵向、横向和垂直3个方向的进给运动由一台进给电动机M_2拖动。进给运动的方向是通过操作选择运动方向的手柄与开关，配合进给电动机M_2的正、反转来实现的。圆形工作台的回转运动是由进给电动机经传动机构驱动的。

5）为了缩短调整运动的时间，提高生产率，要求工作台空行程应有快速移动控制。X62W铣床是由快速电磁铁吸合通过改变传动链的传动比来实现的。

6）为适应不同的铣削加工的要求，主轴转速与进给速度应有较宽的调节范围。X62W铣床采用机械变速的方法，通过改变变速箱传动比来实现的。为保证变速时齿轮易于啮合，减小齿轮端面的冲击，要求变速时有电动机瞬时冲动（短时间歇转动）控制。

9.3.3　X62W铣床电气控制电路分析

图9-7所示为X62W铣床控制电路。其工作过程如下。

1. 主轴电动机的控制

控制线路的起动按钮SB_1和SB_2是异地控制按钮，SB_3和SB_4是停止按钮。KM_3是主轴电动机M_1的控制接触器，KM_2是主轴反接制动接触器，SQ_7是主轴变速冲动开关，KV是速度继电器。

（1）主轴电动机的起动

起动前先合上电源开关QS，再把主轴转换开关SA_5扳到所需要的旋转方向，然后按起动按钮SB_1（或SB_2），接触器KM_3线圈得电动作，其主触点闭合，主轴电动机M_1起动。

（2）主轴电动机的停车制动

当铣削完毕，需要主轴电动机M_1停车，此时电动机M_1运转速度在120r/min以上时，速度继电器KV的动合（常开）触点闭合，为停车制动做好准备。当要M_1停车时，就按下停止按钮SB_3或SB_4，KM_3断电释放，由于KM_3主触点断开，电动机M_1断电作惯性运转，紧接着接触器KM_2线圈通电吸合，电动机M_1串电阻反接制动。当转速降至120r/min以下时，速度继电器KV动合（常开）触点断开，接触器KM_2断电释放，停车反接制动结束。

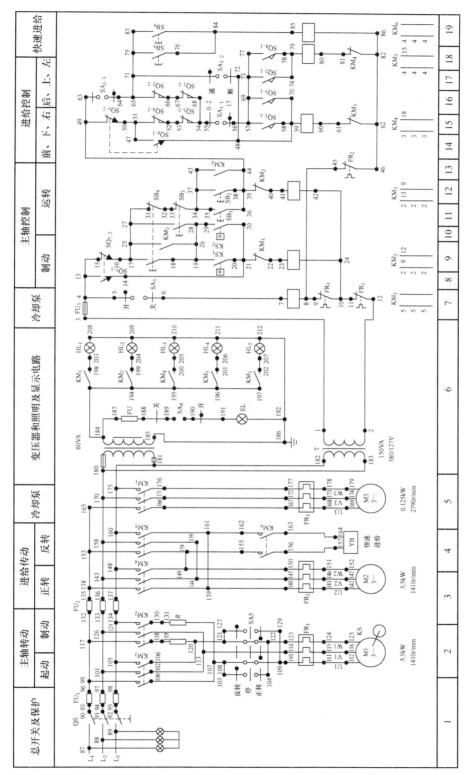

图9-7 X62W铣床控制电路

167

2. 工作台进给电动机控制

转换开关 SA_1 是控制圆工作台的，在不需要圆工作台运动时，转换开关扳到"断开"位置，此时 SA_{1-1} 闭合，SA_{1-2} 断开，SA_{1-3} 闭合；当需要圆工作台运动时将转换开关扳到"接通"位置，则 SA_{1-1} 断开，SA_{1-2} 闭合，SA_{1-3} 断开。

（1）工作台纵向进给

工作台的左右（纵向）运动是由装在床身两侧的限位开关 SQ_1、SQ_2 来完成，需要进给时把转换开关扳到"纵向"位置，按下开关 SQ_1，动合（常开）触点 SQ_{1-1} 闭合，动分（常闭）触点 SQ_{1-2} 断开，接触器 KM_4 通电吸合电动机 M_2 正转，工作台向右运动；当工作台要向左运动时，按下开关 SQ_2，动合（常开）触点 SQ_{2-1} 闭合，动分（常闭）触点 SQ_{2-2} 断开，接触器 KM_5 通电吸合电动机 M_2 反转，工作台向左运动。在工作台上设置有一块挡铁，两边各设置有一个行程开关，当工作台纵向运动到极限位置时，挡铁撞到位置开关，工作台停止运动，从而实现纵向运动的终端保护。

（2）工作台升降和横向（前后）进给

工作台的方向进给是通过操纵装在床身两侧的转换开关和行程开关 SQ_3、SQ_4 来完成的。在工作台上也分别设置有一块挡铁，两边各设置有一个行程开关，当工作台升降和横向运动到极限位置时，挡铁撞到位置开关，工作台停止运动，从而实现升降和横向运动的终端保护。

1）工作台向上（下）运动。在主轴电动机起动后，把装在床身一侧的转换开关扳到"升降"位置再按下按钮 SQ_3（SQ_4），SQ_3（SQ_4）动合（常开）触点闭合，SQ_3（SQ_4）动分（常闭）触点断开，接触器 KM_4（KM_5）通电吸合，电动机 M_2 正（反）转，工作台向下（上）运动。到达想要的位置时松开按钮，工作台停止运动。

2）工作台向前（后）运动。在主轴电动机起动后，把装在床身一侧的转换开关扳到"横向"位置再按下按钮 SQ_3（SQ_4），SQ_3（SQ_4）动合（常开）触点闭合，SQ_3（SQ_4）动分（常闭）触点断开，接触器 KM_4（KM_5）通电吸合，电动机 M_2 正（反）转，工作台向前（后）运动。到达想要的位置时松开按钮，工作台停止运动。

3. 联锁问题

机床在上、下、前、后4个方向进给时又操作纵向控制这两个方向的进给，将造成机床重大事故，所以必须联锁保护。当上、下、前、后4个方向进给时，若操作纵向任一方向，SQ_{1-2} 或 SQ_{2-2} 两个开关中的一个被压开，接触器 KM_4（KM_5）立刻失电，电动机 M_2 停转，从而得到保护。同理，当纵向操作时又操作某一方向而选择了向左或向右进给，SQ_1 或 SQ_2 被压着，它们的动分（常闭）触点 SQ_{1-2} 或 SQ_{2-2} 是断开的，接触器 KM_4 或 KM_5 都由 SQ_{3-2} 和 SQ_{4-2} 接通。若发生误操作，而选择上、下、前、后某一方向的进给，就一定使 SQ_{3-2} 或 SQ_{4-2} 断开，使 KM_4 或 KM_5 断电释放，电动机 M_2 停止运转，避免了机床事故。

（1）进给冲动

真实机床为使齿轮进入良好的啮合状态，将变速盘向里推。在推进时，挡块压动位置开关 SQ_6，首先使动分（常闭）触点 SQ_{6-2} 断开，然后动合（常开）触点 SQ_{6-1} 闭合，接触器 KM_4 通电吸合，电动机 M_2 起动。但它并未转起来，位置开关 SQ_6 已复位，首先断开 SQ_{6-1}，而后闭合 SQ_{6-2} 接触器 KM_4 失电，电动机失电停转。使电动机接通一下电源，齿轮系统产生一次抖动，使齿轮啮和顺利进行。要冲动时按下冲动开关 SQ_6，模拟冲动。

（2）工作台的快速移动

在工作台向某个方向运动时，按下按钮 SB_5 或 SB_6（两地控制），接触器闭合 KM_6 通电吸合，它的动合（常开）触点闭合，电磁铁 YB 通电（指示灯亮）模拟快速进给。

4. 冷却照明控制

要起动冷却泵时扳开关 SA_3，接触器 KM_1 通电吸合，电动机 M_3 运转冷却泵起动。机床照明是由变压器 T 供给 36V 电压，工作灯由 SA_4 控制。

9.3.4　X62W 铣床控制电路常见故障现象

1）主轴电动机正、反转均缺一相，进给电动机、冷却泵缺一相，控制变压器及照明变压器均没电。

2）主轴电动机无论正反转均缺一相。

3）进给电动机反转缺一相。

4）快速进给电磁铁不能动作。

5）照明及控制变压器没电，照明灯不亮，控制回路失效。

6）控制变压器没电，控制回路失效。

7）照明灯不亮。

8）控制回路失效。

9）主轴制动失效。

10）主轴不能起动。

11）工作台进给控制失效。

12）工作台向下、向右、向前进给控制失效。

13）工作台向后、向上、向左进给控制失效。

14）两处快速进给全部失效。

以上故障可通过电脑设置故障，再利用万用表检测出故障点，并将故障排除。一般主电路的故障多用电阻测量法进行检测，控制电路的故障多用电压测量法进行检测，有时将两种方法结合起来进行检测。

9.4　技能训练　生产车间机床的认识与操作

任务描述

通过实训方式掌握各类机床的结构、技术特性，并能熟悉读懂及分析机床电气控制原理图。

1. 实训目的

1）了解常用车床的总体布局及主要技术规格，熟悉机床的操纵系统。

2）了解普通卧式车床主轴箱结构特点，了解操纵机构的工作原理。

3）通过本次实训，加深了解 CA6140 车床的主要工艺和主要用途。

2. 相关知识

1）卧式车床结构及各部分作用。

2）卧式车床电气控制电路分析。

3. 仪器与设备

卧式车床 型号：CA6140。

4. 操作内容与步骤

1）了解 CA6140 普通车床的工艺范围和主要用途。

2）观察车床的各主要部件。

3）理解常用机床的布局、刀具和工件的安装方法。

4）打开主轴箱盖观察主轴的结构、溜板箱结构。

5）观察纵向、横向进给及快速移动操作机构。

6）查看机床电路走向，并做好测绘。

7）将以上各步工作做好记录。

5. 注意事项

1）注意安全，遵守实习工厂安全操作规程，车床工作时不准戴手套和拿棉纱，戴安全帽。

2）观察、调试车床主轴箱相关部件时，特别注意不要开动机床，为安全起见，应把车床开关总是断开。

3）未经同意，不得拆卸机床上任何机构和零件，实训完成后，必须擦拭机床，加润滑油，清理现场，归还工具。

6. 完成实训报告

9.5 习题

1. 试分析 CA6140 普通车床工作原理。

2. 在 M7120 型平面磨床电气控制电路中，电磁吸盘为何要设欠电压继电器？它在电路中怎样起保护作用？

3. 在 X62W 型铣床电气控制电路中，电磁离合器 YB 的作用是什么？

4. 在 X62W 型铣床电气控制电路中，行程开关 SQ_1、SQ_2、SQ_3、SQ_4、SQ_6 和 SQ_7 的作用是什么？

5. X62W 铣床电气控制电路有哪几种联锁与保护装置？它们是如何实现的？

6. X62W 型铣床能否在运行中进行进给变速？为什么？

7. 试分析 X62W 型铣床电气控制电路中工作台的运行过程。

项目 10　可编程序控制器的应用

学习目标

1) 掌握可编程序控制器（Programmable Logic Controller, PLC）的类型、功能特点及应用领域；掌握可编程序控制器"扫描周期"的工作原理及其硬件的接线方式。

2) 明确可编程序控制器的编程软件平台的应用方法，寻址方式及数据类型的原理，熟悉可编程序控制器的指令系统及其程序的运行调试方法。

3) 能够应用可编程序控制器进行电动机的控制应用。

10.1　任务1　可编程序控制器的认知

任务描述

介绍可编程序控制器的定义，了解其发展历史，要求掌握可编程序控制器的类型、功能特点及应用领域。

10.1.1　可编程序控制器的定义及发展概述

1. 可编程序控制器的定义

在 1987 年国际电工委员会（International Electrical Committee）颁布的《可编程序控制器标准草案》中对其做了如下定义：可编程序控制器是一种专门为在工业环境下应用而设计的数字运算操作的电子装置。它采用可以编制程序的存储器，用来在其内部存储执行逻辑运算、顺序运算、计时、计数和算术运算等操作的指令，并能通过数字式或模拟式的输入和输出，控制各种类型的机械或生产过程。可编程序控制器及其有关的外围设备都应该按易于与工业控制系统形成一个整体，易于扩展其功能的原则而设计。

2. 可编程序控制器的发展概述

（1）可编程序控制器的产生

20 世纪 60 年代，限于当时的元器件条件及计算机发展水平，早期的可编程序控制器主要由分立元件和中小规模集成电路组成，可以完成简单的逻辑控制及定时、计数功能。1968年，美国通用汽车公司提出取代继电器控制装置的要求；1969 年，美国数字设备公司（DEC）研制出了第一台可编程序控制器 PDP-14，在美国通用汽车公司的生产线上试用成功，首次采用程序化的手段应用于电气控制，这是第一代可编程序控制器，也是世界上公认的第一台可编程序控制器。

20 世纪 70 年代初出现了微处理器。人们很快将其引入可编程序控制器，使可编程序控制器增加了运算、数据传送及处理等功能，完成了真正具有计算机特征的工业控制装置。为了方便熟悉继电器、接触器系统的工程技术人员使用，可编程序控制器采用和继电器电路图类似的梯形图作为主要编程语言，并将参加运算及处理的计算机存储元件都以继电器命名。此时的可编程序控制器为微机技术和继电器常规控制概念相结合的产物。1971 年，日本研制出第一台可编程序控制器 DCS－8；1973 年，德国西门子公司（SIEMENS）研制出欧洲第一台可编程序控制器，型号为 SIMATIC－S4；1974 年，中国研制出第一台可编程序控制器，1977 年开始工业应用。

20 世纪 70 年代中末期，可编程序控制器进入实用化发展阶段，计算机技术已全面引入其中，使其功能发生了飞跃。更高的运算速度、超小型体积、更可靠的工业抗干扰设计、模拟量运算、PID 功能及极高的性价比奠定了它在现代工业中的地位。

20 世纪 80 年代初，可编程序控制器在先进工业国家中已获得广泛应用。这个时期可编程序控制器发展的特点是大规模、高速度、高性能、产品系列化。这个阶段的另一个特点是世界上生产可编程序控制器的国家日益增多，产量日益上升，这标志着可编程序控制器已步入成熟阶段。

20 世纪末期，可编程序控制器的发展特点是更加适应于现代工业的需要。从控制规模上来说，这个时期发展了大型机和超小型机；从控制能力上来说，诞生了各种各样的特殊功能单元，用于压力、温度、转速和位移等各式各样的控制场合；从产品的配套能力来说，生产了各种人机界面单元、通信单元，使应用可编程序控制器的工业控制设备的配套更加容易。

（2）可编程序控制器的发展

可编程序控制器在机械制造、石油化工、冶金钢铁、汽车和轻工业等领域的应用都得到了长足的发展。我国对可编程序控制器的技术引进、应用、研制、生产是伴随着改革开放开始的。最初是在引进设备中大量使用了可编程序控制器。接下来在各种企业的生产设备及产品中不断扩大了可编程序控制器的应用。目前，我国已生产中小型可编程序控制器，多种产品已具备了一定的规模并在工业产品中获得了应用。此外，一些中外合资企业也是我国比较著名的可编程序控制器生产厂家。随着我国现代化进程的深入，可编程序控制器在我国将有更广阔的应用天地。

从技术上看，计算机技术的新成果更多地应用于可编程序控制器的设计和制造上，运算速度更快，存储容量更大，智能更强。从产品规模看，进一步向超小型及超大型方向发展；从产品的配套性看，产品的品种更丰富、规格更齐全，完美的人机界面、完备的通信设备更好地适应各种工业控制场合的需求；从市场上看，各国各自生产多品种产品的情况随着国际竞争的加剧而打破，有国际通用的编程语言；从网络的发展情况看，可编程序控制器和其他工业控制计算机组网构成大型的控制系统是可编程序控制器技术的发展方向。计算机集散控制系统（Distributed Control System，DCS）中已有大量的可编程序控制器应用。伴随着计算机网络的发展，可编程序控制器作为自动化控制网络和国际通用网络的重要组成部分在工业及工业以外的众多领域发挥越来越大的作用。

10.1.2　可编程序控制器的类型

根据分类依据的条件不同，可编程序控制器可以有多种分类结果，具体如下。

1. 按控制规模（I/O 点数）分类

可编程序控制器可分为大型机、中型机及小型机等。

大型机一般 I/O 点数大于 2048 点；具有多 CPU，16 位/32 位处理器，用户存储器容量 8～16KB，具有代表性的为西门子 S7－400 系列、通用公司的 GE－Ⅳ 系列等；中型机一般 I/O 点数为 256－2048 点；单/双 CPU，用户存储器容量 2～8KB，具有代表性的为西门子 S7－

300 系列、三菱 Q 系列等；小型机一般 I/O 点数小于 256 点，单 CPU，8 位或 16 位处理器，用户存储器容量 4KB 及以下，具有代表性的为西门子 S7 - 200 系列、三菱 FX 系列等。

2. 按组成结构形式分类

可编程序控制器可分为整体式和模块式。

整体式可编程序控制器是将电源、CPU、I/O 接口等部件都集中装在一个机箱内，具有结构紧凑、体积小、价格低的特点；小型可编程序控制器一般采用这种整体式结构；整体式 PLC 一般还可配备特殊功能单元，如模拟量单元、位置控制单元等，使其功能得以扩展。模块式可编程序控制器由不同 I/O 点数的基本单元（又称为主机）和扩展单元组成。基本单元内有 CPU、I/O 接口、与 I/O 扩展单元相连的扩展口，以及与编程器或 EPROM 写入器相连的接口等；扩展单元内只有 I/O 和电源等，没有 CPU；基本单元和扩展单元之间一般用扁平电缆连接。这种模块式可编程序控制器的特点是配置灵活，可根据需要选配不同规模的系统，而且装配方便，便于扩展和维修。大、中型可编程序控制器一般采用模块式结构。还有一些 PLC 将整体式和模块式的特点结合起来构成所谓叠装式可编程序控制器。

3. 按使用功能用途分类

可编程序控制器可分为顺序逻辑控制、闭环过程控制、用于多级分布式和集散控制系统（DCS 系统）。

顺序逻辑控制功能具有逻辑运算、定时、计数、移位以及自诊断、监控等基本功能；还可有少量模拟量输入/输出、算术运算、数据传送和比较、通信等功能；主要用于逻辑控制、顺序控制或少量模拟量控制的单机控制系统。

闭环过程控制功能具有较强的模拟量输入/输出、算术运算、数据传送和比较、数制转换、远程 I/O、子程序、通信联网等功能；有些还可增设中断控制、PID 控制等功能，适用于复杂控制系统。

用于多级分布式和集散控制系统（DCS 系统）的可编程序控制器除具有之前的功能外，还增加了带符号算术运算、矩阵运算、位逻辑运算、平方根运算及其他特殊功能函数的运算、制表及表格传送功能等；具有更强的通信联网功能。

4. 按生产厂家品牌分类

可编程序控制器可分为我国自主生产品牌和日系合资品牌、欧美品牌等。其中，我国自主生产品牌具有代表性的为合利时、浙江中控等；日系合资品牌具有代表性的为三菱、欧姆龙、松下、光洋等；欧美品牌具有代表性的厂家为西门子、AB、通用电气、德州仪表等。

可编程序控制器实物图如图 10-1 所示。

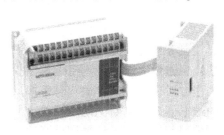

图 10-1　可编程序控制器实物图

10.1.3 可编程序控制器的功能特点

可编程序控制器已经形成了各种规模的系列化产品，可以用于各种规模的工业控制场合。除了逻辑处理功能以外，现代可编程序控制器大多具有完善的数据运算能力，可用于各种数字控制领域。近年来，可编程序控制器的功能单元大量涌现，使其应用在位置控制、温度控制和 CNC 等各种工业控制中；加上其通信能力的增强及人机界面技术的发展，使用可编程序控制器组成各种控制系统变得非常容易，其主要的功能特点如下。

1. 工作稳定可靠性高，抗干扰能力强

高可靠性是电气控制设备的关键性能。传统的继电器控制系统使用了大量的中间继电器、时间继电器，由于触点接触不良，容易出现故障。可编程序控制器由于采用现代大规模集成电路技术，采用严格的生产工艺制造，内部电路采取了先进的抗干扰技术，具有很高的可靠性，用软件代替大量的中间继电器和时间继电器。从可编程序控制器的外电路来说，仅剩下与输入和输出有关的少量硬件元件，电气接线及开关接点已经远远少于原有继电器控制系统的电气接线数量，因触点接触不良造成故障也大为减少。此外，可编程序控制器带有硬件故障自我检测功能，出现故障时可及时发出警报信息。在应用软件中，应用者还可以编入外围器件的故障自诊断程序，使系统中除可编程序控制器以外的电路及设备也获得故障自诊断保护。这样，整个系统具有极高的可靠性也就不奇怪了。

可编程序控制器采取了一系列硬件和软件抗干扰措施，具有很强的抗干扰能力，平均无故障时间达到数万小时以上，可以直接用于有强烈干扰的工业生产现场，可编程序控制器已被广大用户公认为最可靠的工业控制设备之一。

2. 使用方便，编程简单，易学易用

可编程序控制器作为通用工业控制计算机，是面向工矿企业的工控设备。它接口容易，编程语言易于为工程技术人员接受。梯形图语言的图形符号与表达方式和继电器电路图相当接近，只用可编程序控制器的少量开关量逻辑控制指令就可以方便地实现继电器电路的功能。为不熟悉电子电路、不懂计算机原理和汇编语言的人使用计算机从事工业控制打开了方便之门。

可编程序控制器采用简明的梯形图、逻辑图或语句表等编程语言，系统开发周期短，现场调试容易。另外，可在线修改程序，改变控制方案而不拆动硬件。

3. 系统的设计、安装、调试工作量少

可编程序控制器用存储逻辑代替接线逻辑，大大减少了控制设备外部的接线，使控制系统设计及建造的周期大为缩短，同时维护也变得容易起来。更重要的是使同一设备经过改变程序而改变生产过程成为可能。这很适合多品种、小批量的生产场合。

可编程序控制器用软件功能取代了继电器控制系统中大量的中间继电器、时间继电器、计数器等元器件，使控制柜的设计、安装、接线工作量大大减少。可编程序控制器的梯形图程序一般采用顺序控制设计法来设计。这种编程方法很有规律，很容易掌握。对于复杂的控制系统，设计梯形图的时间比设计相同功能的继电器系统电路图的时间要少。

可编程序控制器的用户程序可以在实验室模拟调试，输入信号用小开关来模拟，通过可编程序控制器上的发光二极管可观察输出信号的状态。完成了系统的安装和接线后，在现场的统调过程中发现的问题一般通过修改程序就可以解决，系统的调试时间比继电器系统减少。

4. 维修工作量小，维修方便

可编程序控制器的故障率很低，且有完善的自诊断和显示功能。可编程序控制器或外部的输入装置和执行机构发生故障时，可以根据可编程序控制器上的发光二极管或编程器提供的信息迅速地查明故障的原因，用更换模块的方法可以迅速地排除故障。

5. 硬件配套齐全，用户使用方便，适应性强

可编程序控制器产品已经标准化、系列化、模块化，配备品种齐全的各种硬件装置供用户选用，用户能灵活方便地进行系统配置，组成不同功能、不同规模的系统。可编程序控制器的安装接线也很方便，一般用接线端子连接外部接线。可编程序控制器有较强的带负载能力，可以直接驱动一般的电磁阀和小型交流接触器。可编程序控制器硬件配置确定后，可以通过修改用户程序，方便、快速地适应工艺条件的变化。

10.1.4　可编程序控制器的应用领域

目前，可编程序控制器在国内外已经广泛应用于金属冶炼、石油化工、电力传输、建材加工、机械制造、轻纺汽车、交通运输和污水处理等多个行业，应用领域大致可归纳为如下几类。

1. 开关量逻辑控制领域的应用

这一领域是可编程序控制器最基本、最广泛的应用领域，它取代传统的继电器电路，实现逻辑控制、顺序控制，既可用于单台设备的控制，也可用于多机群控及自动化流水线，如自动化机械仪器、数控机床和自动化生产线等。

2. 模拟量控制领域的应用

在工业生产过程当中，工业现场有许多连续变化的物理量，如温度、压力、流量、液位和速度等，这些物理量都是模拟量。为了让可编程序控制器能够处理这些模拟量，就必须实现模拟量（Analog）和数字量（Digital）之间的 A－D 转换及 D－A 转换。可编程序控制器厂家都生产配套的 A－D 和 D－A 转换模块，使可编程序控制器更好地完成模拟量控制领域的应用。

3. 运动控制领域的应用

可编程序控制器可以实现对圆周运动或直线运动的运动控制。从控制机构配置来说，早期直接用于开关量 I/O 模块连接位置传感器和执行机构，现在一般使用专用的运动控制模块，如可驱动步进电动机或伺服电动机的单轴或多轴位置控制模块。世界上各主要可编程序控制器生产厂家的产品几乎都有运动控制功能，广泛用于各种机械、机床、机器人和电梯等运动控制领域。

4. 过程控制领域的应用

过程控制是指应用可编程序控制器对温度、压力和流量等模拟量的闭环控制。在过程控制系统中，可编程序控制器能编制各种各样的控制算法程序，完成闭环控制。PID 调节算法是一般闭环控制系统中用得较多的调节方法。大、中型可编程序控制器都有 PID 模块，目前许多小型可编程序控制器也具有此功能模块。PID 处理一般是运行专用的 PID 子程序。过程控制在冶金、化工、热处理和锅炉控制领域有着非常广泛的应用。

5. 数据处理领域的应用

新一代的可编程序控制器具有数学运算（含矩阵运算、函数运算和逻辑运算）、数据传送、数据转换、排序、查表和位操作等功能，可以完成数据的采集、分析及处理。这些数据可以与存储在存储器中的参考值比较，完成一定的控制操作，也可以利用通信功能传送到别的智能装置，或将它们打印制表。数据处理一般用于大型控制系统领域，如无人控制的柔性制造系统；也可用于过程控制系统，如造纸、冶金、食品工业中的一些大型控制系统。

6. 通信及联网领域的应用

可编程序控制器通信领域主要包括可编程序控制器间的通信、可编程序控制器与其他智能设备间的通信。随着计算机控制的发展，工厂自动化网络发展得很快，各可编程序控制器厂商都十分重视自身产品的通信功能，纷纷推出各自的网络系统。新近生产的可编程序控制器都具有通信接口，通信非常方便。

10.2 任务2 S7-200 系列 PLC 的硬件组成及工作原理

任务描述

介绍可编程序控制器的硬件组成及其工作原理。要求掌握可编程序控制器的"扫描周期"的工作原理及其硬件的接线方式。

10.2.1 S7-200 系列 PLC 的硬件组成

可编程序控制器的类型繁多，功能和指令系统也不尽相同，但结构与工作原理则大同小异。S7-200 可编程序控制器主要由一个中央处理器（CPU）、电源以及 I/O 接口的主机以及编程器扩展器接口和外部设备接口等几个部分组成，如图 10-2 所示。

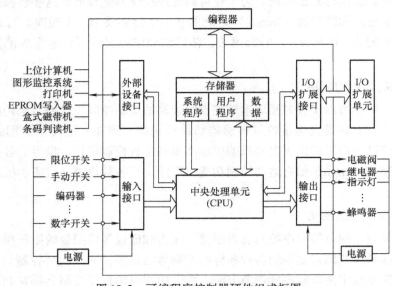

图 10-2　可编程序控制器硬件组成框图

可编程序控制器系统组成框图如图10-3所示。

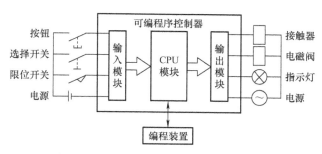

图 10-3　可编程序控制器系统组成框图

1. 主机

可编程序控制器的主机部分包括中央处理器（CPU）、系统程序存储器和用户程序及数据存储器。CPU 是 PLC 的核心，它用以运行用户程序、监控输入/输出接口状态、做出逻辑判断和进行数据处理，即读取输入变量、完成用户指令规定的各种操作，将结果送到输出端，并响应外部设备（如编程器、计算机和打印机等）的请求以及进行各种内部判断等。

（1）中央处理单元（CPU）

中央处理单元（CPU）是可编程序控制器的控制中枢，CPU 负责执行程序和存储数据，以便对工业自动控制任务或过程进行控制。它按照可编程序控制器系统程序赋予的功能接收并存储从编程器键入的用户程序和数据；检查电源、存储器、I/O 以及警戒定时器的状态，并能诊断用户程序中的语法错误。当可编程序逻辑控制器投入运行时，首先它以扫描的方式接收现场各输入装置的状态和数据，并分别存入 I/O 映象区，然后从用户程序存储器中逐条读取用户程序，经过命令解释后按指令的规定执行逻辑或算数运算的结果送入 I/O 映象区或数据寄存器内。等所有的用户程序执行完毕之后，最后将 I/O 映象区的各输出状态或输出寄存器内的数据传送到相应的输出装置，如此循环运行，直到停止运行。

为了进一步提高可编程序控制器的可靠性，对大型可编程序控制器还采用双 CPU 构成冗余系统，或采用三 CPU 的表决式系统。这样，即使某个 CPU 出现故障，整个系统仍能正常运行。

（2）存储器

可编程序控制器的内部存储器有两类，一类是系统程序存储器（ROM），主要存放系统管理和监控程序及对用户程序作编译处理的程序，系统程序已由厂家固定，用户不能更改；另一类是用户程序及数据存储器（RAM），主要存放用户编制的应用程序及各种暂存数据和中间结果。

2. 输入/输出（I/O）接口

现场输入接口电路由光耦合电路和微型计算机的输入接口电路（I），作用是可编程序控制器与现场控制的接口界面的输入通道。现场输出接口电路由输出数据寄存器、选通电路和中断请求电路集成，用作可编程序控制器通过现场输出接口电路向现场的执行部件输出相应的控制信号（O）。

输入和输出时系统的控制点：输入部分从现场设备中（例如传感器或开关）采集信号，输出部分则控制泵、电动机、指示灯以及工业过程中的其他设备。I/O接口是可编程序控制器与输入/输出设备连接的部件。输入接口接受输入设备（如按钮、传感器、触点和行程开关等）的控制信号。输出接口是将主机经处理后的结果通过功放电路去驱动输出设备（如接触器、电磁阀和指示灯等）。I/O接口一般采用光耦合电路，以减少电磁干扰，从而提高了可靠性。I/O点数即输入/输出端子数是可编程序控制器的一项主要技术指标，通常小型机有几十个点，中型机有几百个点，大型机将超过千点。

3. 电源

可编程序控制器的电源在整个系统中起着十分重要的作用。如果没有一个良好的、可靠的电源，系统是无法正常工作的。因此，可编程序控制器的制造商对电源的设计和制造也十分重视。一般交流电压波动在 +10% （ +15% ） 范围内，可以不采取其他措施而将可编程序控制器直接连接到交流电网上去。

电源向CPU及所连接的任何模块提供电力支持，为CPU、存储器和I/O接口等内部电子电路工作所配置的直流开关稳压电源，通常也为输入设备提供直流电源。

4. 编程器

编程器是可编程序控制器的一种主要的外部设备，用于手持编程，用户可用于输入、检查、修改、调试程序或监示可编程序控制器的工作情况。除手持编程器外，还可通过适配器和专用电缆线将可编程序控制器与计算机连接，并利用专用的工具软件进行计算机编程和监控。

5. 输入/输出扩展单元

I/O扩展接口用于连接扩充外部输入/输出端子数的扩展单元与基本单元（即主机）。外部设备接口，如计数、定位等功能模块。此接口可将编程器、打印机和条码扫描仪等外部设备与主机相连，以完成相应的操作。

S7 - 200可编程序控制器将一个微处理器、一个集成电源和数字量I/O接口集成在一个紧凑的封装中；通信端口用于连接CPU与上位机或其他工业设备；状态信号灯显示了CPU工作模式，本机I/O的当前状态以及检查出的系统错误等，具体如图10-4所示。

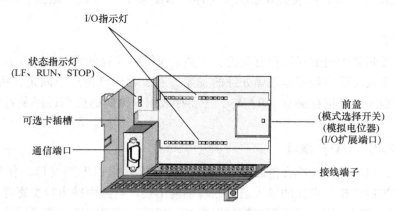

图 10-4　S7 - 200 可编程序控制器外观图

10.2.2　S7 – 200 系列 PLC 的工作原理

与工业控制计算机"等待命令"的工作方式不同，可编程序控制器采用"循环扫描"的工作方式；该方式是采用"顺序扫描，不断循环"的方式进行工作的。即在可编程序控制器运行时，CPU 根据用户按控制要求编制好并存于用户存储器中的程序，按指令步序号（或地址号）作周期性循环扫描，如无跳转指令，则从第一条指令开始逐条顺序执行用户程序，直至程序结束。然后重新返回第一条指令，开始下一轮新的扫描，这样的一个循环称作"扫描周期"，扫描周期的长短主要取决于用户程序的长短。可编程序控制器的工作原理如图 10-5 所示。

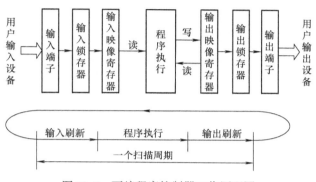

图 10-5　可编程序控制器工作原理图

可编程序控制器的一个"扫描周期"主要有输入采样、程序执行和输出刷新三个阶段；在每次扫描过程中，还要完成对输入信号的采样和对输出状态的刷新等工作。每个阶段的工作内容具体如下所述。

输入采样阶段：首先以扫描方式按顺序将所有暂存在输入锁存器中的输入端子的通断状态或输入数据读入，并将其写入各对应的输入状态寄存器中，即刷新输入。随即关闭输入端口，进入程序执行阶段。

程序执行阶段：按用户程序指令存放的先后顺序扫描执行每条指令，执行的结果再写入输出状态寄存器中，输出状态寄存器中所有的内容随着程序的执行而改变。

输出刷新阶段：当所有指令执行完毕，输出状态寄存器的通断状态在输出刷新阶段送至输出锁存器中，并通过一定的方式（继电器、晶体管或晶闸管）输出，驱动相应输出设备工作。

由于输入刷新阶段是紧接输出刷新阶段后马上进行的，所以也将这两个阶段统称为 I/O 刷新阶段。实际上，除了执行程序和 I/O 刷新外，可编程序控制器还要进行各种错误检测（自诊断功能）并与编程工具通信，这些操作统称为"监视服务"，一般在程序执行后进行。

由于每一个扫描周期只进行一次 I/O 刷新，系统存在输入、输出滞后现象。这对于一般的开关量控制系统不但不会造成影响，反而可以增强系统的抗干扰能力。但对于控制时间要求较严格、响应速度要求较快的系统，就需要精心编制程序，必要时采用一些特殊功能，以减少因扫描周期造成的响应滞后。

10.2.3　S7 – 200 系列 PLC 的硬件接线方式

1. 输入侧接线图

输入侧的每一个 I 口的公共端（在可编程序控制器内部无法看到）是接在一起的 COM，

只需要接可编程序控制器本身的负极电源即可（即下半部的 1M 是 I0.0～I0.7 的公共端，接到其最右端的 M 上则可编程序控制器这几个输入点的 COM 点就都接到了电源的 V－上了；而 2M 是 I1.0～I1.5 的公共端，接到其最右端的 COM 上则可编程序控制器这几个输入点的 COM 点就都接到了电源的 V－上了）。而 I 口的接线端（就是能看到的接线的那些孔）与控制信号源，如按钮接到一起后再接到可编程序控制器下半部最右端的 L＋上即可构成一个通过按钮控制的闭合回路，从而当按下开关 S 时给一个输入信号。可编程序控制器输入侧原理图如图 10-6 所示。

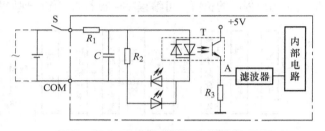

图 10-6　可编程序控制器输入侧原理图

2. 输出侧接线图

（1）继电器型输出侧接线图

继电器型可编程序控制器输出侧原理图如图 10-7 所示。

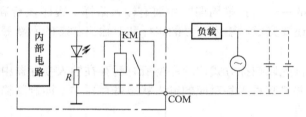

图 10-7　继电器型可编程序控制器输出侧原理图

（2）晶体管型输出侧接线图

输出端每个端口相当于内部 E 极接在一起的晶体管的 C 极。接在一起的 E 极与外部电源 V＋接在一起，也就是每一组端口的 L＋。C 极就是输出点，其与负载一端相接，负载另一端接到外部电源 V－上，也就是每一组的 COM 端。晶体管型可编程序控制器输出侧原理图如图 10-8 所示。

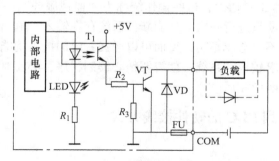

图 10-8　晶体管型可编程序控制器输出侧原理图

10.3　任务3　S7-200 系列 PLC 的软件程序设计与运行

任务描述

介绍可编程序控制器的软件程序设计与运行调试方法。要求掌握可编程序控制器的编程软件平台的应用方法、寻址方式及数据类型的原理，可编程序控制器的指令系统及其程序的运行调试方法。

10.3.1　S7-200 系列 PLC 的编程软件平台介绍

1. 编程软件平台安装的系统配置要求

1) 操作系统环境安装要求。

STEP7-Micro/WIN32 v3.2 可以在 Microsoft 公司出品的如下操作系统环境下安装：

Windows XP Home（step7-micro/win32 SP3 以上版本）、Windows XP Professional/Onal（step7-micro/win32 SP3 以上版本）。

2) 计算机硬件要求。

任何能够运行上述操作系统的 PC 或 PG（编程器）、100M 硬盘空间、系统支持的鼠标、推荐使用最小屏幕分辨率 1024×768，小字体。

2. 编程软件平台的安装步骤

关闭所有应用程序，在光盘驱动器内插入安装光盘，按照安装程序的提示完成安装。

1) 双击该文件夹里的"SETUP. EXE"，弹出语言选择对话框，单击"确定"按钮，如图 10-9 所示。

2) 在弹出的图 10-10 所示的对话框中，单击"Next"按钮。

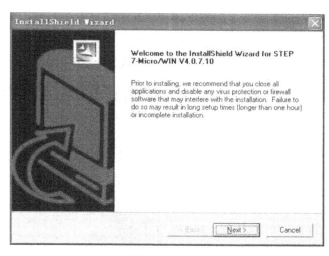

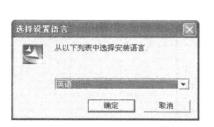

图 10-9　设置语言对话框　　　　图 10-10　可编程序控制器编程软件安装版本声明图

3) 选择安装目录。若无需修改直接根据默认即可，完成后单击"Next"按钮，如图 10-11 所示。

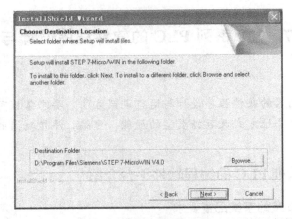

图 10-11 可编程序控制器编程软件安装地址目录选择图

4）开始安装，如图 10-12 所示。

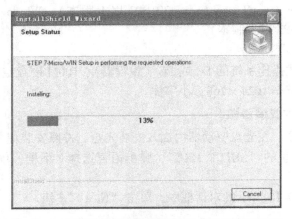

图 10-12 可编程序控制器编程软件安装进度提示图

5）一般安装进度条达到90%左右会变得很慢，这是正常的，只需等待即可。同时会跳出几个设置界面，单击"Yes"按钮，如图 10-13 所示。

图 10-13 可编程序控制器编程软件安装用户须知声明图

6）弹出安装完成对话框，选择"重新启动"或"不重新启动"均可。单击"Finish"按钮完成安装，如图 10-14 所示。

图 10-14　可编程序控制器编程软件安装结束提示图

3. 编程软件平台的汉化设置

安装完成后即可打开 STEP7 – Micro/WIN32 软件，其操作界面为英文，如图 10-15 所示。一般习惯将其转换为中文，并且 CN 系列的可编程序控制器需要中文界面传输程序。单击上图标出的菜单选项，弹出以下设置窗口，如图 10-16 所示。

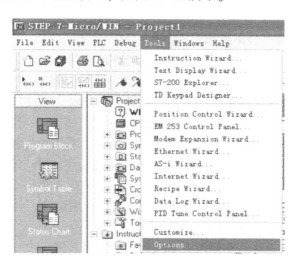

图 10-15　可编程序控制器编程软件"属性"按钮图

在"General"里面，选择中文"Chinese"，然后单击"OK"按钮，退出软件。重新打开 STEP7_ MicroWIN 软件时，其界面已经是中文的了，如图 10-17 所示。

4. 编程软件平台 STEP7 – Micro/WIN32 简介

"浏览条"——显示编程特性的按钮控制群组，当浏览条包含的对象因为当前窗口大小

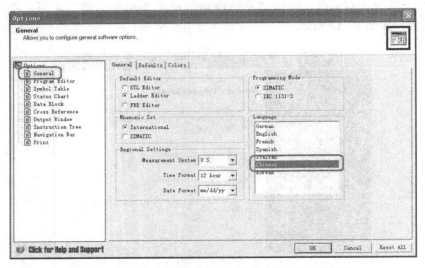

图 10-16　可编程序控制器编程软件界面语言选择图

无法显示时，浏览条显示滚动按钮，使能向
上或向下移动至其他对象。

　　"视图"——选择该类别，为程序块、符
号表、状态图、数据块、系统块、交叉引用
及通信显示按钮控制。

　　"工具"——选择该类别，显示指令向
导、TD200 向导、位置控制向导、EM 253 控
制面板和调制解调器扩充向导的按钮控制。

图 10-17　可编程序控制器编程软件汉化效果图

　　"指令树"——提供所有项目对象和为当前程序编辑器（LAD、FBD 或 STL）提供的所
有指令的树型视图。可以用鼠标右键单击树中"项目"部分的文件夹，插入附加程序组织
单元（POU）；可以用鼠标右键单击单个 POU，打开、删除、编辑其属性表，用密码保护或
重新命名子例行程序及中断例行程序。可以用鼠标右键单击树中"指令"部分的一个文件
夹或单个指令，以便隐藏整个树。一旦打开指令文件夹，就可以拖放单个指令或双击，按照
需要自动将所选指令插入程序编辑器窗口中的光标位置。可以将指令拖放在"偏好"文件
夹中，排列经常使用的指令。

　　"交叉引用"——允许检视程序的交叉引用和组件使用信息。

　　"数据块"——允许显示和编辑数据块内容。

　　"状态图窗口"——允许将程序输入、输出或变量置入图表中，以便追踪其状态。可以
建立多个状态图，以便从程序的不同部分检视组件。每个状态图在状态图窗口中有自己的
标记。

　　"符号表/全局变量表窗口"——允许分配和编辑全局符号（即可在任何 POU 中使用的
符号值，不只是建立符号的 POU）。可以建立多个符号表。可在项目中增加一个 S7 – 200 可
编程序控制器系统符号预定义表。

　　"输出窗口"——在编译程序时提供信息。当输出窗口列出程序错误时，可双击错误信

息，会在程序编辑器窗口中显示适当的网络。当编译程序或指令库时，提供信息。当输出窗口列出程序错误时，可以双击错误信息，会在程序编辑器窗口中显示适当的网络。

"状态条"——提供在 STEP7－Micro/WIN32 中操作时的操作状态信息。

"程序编辑器窗口"——包含用于该项目的编辑器（LAD、FBD 或 STL）的局部变量表和程序视图。如果需要，可以拖动分割条，扩充程序视图，并覆盖局部变量表。当在主程序（OB1）之外，建立子例行程序或中断例行程序时，标记出现在程序编辑器窗口的底部。可单击该标记，在子例行程序、中断和 OB1 之间移动。

"局部变量表"——包含对局部变量所做的赋值（即子例行程序和中断例行程序使用的变量）。在局部变量表中建立的变量使用暂时内存；地址赋值由系统处理；变量的使用仅限于建立此变量的 POU。

"菜单条"——允许使用鼠标执行操作。用户可以定制"工具"菜单，在该菜单中增加自己的工具。

"工具条"——最常用的 STEP7－Micro/WIN 32 操作提供便利的鼠标存取，可以定制每个工具条的内容和外观。

5. 编程计算机与 CPU 通信方式

带串行 RS－232C 端口的 PG/PC，并已正确安装了 STEP7－Micro/WIN32 的有效版本；PC/PPI 编程电缆（或 USB/PPI 电缆）；PC/PPI（RS－232/PPI）电缆，连接 PG/PC 的串行通信口（COM 口）和 CPU 通信口。

6. 通信设置

设置 PC/PPI 电缆小盒中的 DIP 开关，设定通信电缆的通信波特率为 9.6kbit/s。用 PC/PPI 电缆连接 PG/PC 和 CPU，将 CPU 前盖内的模式选择开关设置为 STOP，给 CPU 上电。用鼠标单击浏览条上的"通信"图标出现通信设置窗口，窗口右侧显示编程计算机将通过 PC/PPI 电缆尝试与 CPU 通信，并且本地编程计算机的网络通信地址是 0。用鼠标双击 PC/PPI 电缆的图标，单击 PC/PPI 电缆旁边的 Properties（属性）控制，可以查看 PC/PPI 电缆连接参数。在 PPI 窗口中设置通信速度与 PC/PPI 电缆 DIP 开关的设置一致。CPU 出厂时通信速率的默认值为 9.6kbit/s。在 LOCAL ConnectI/On 选项卡中，选择编程计算机 COM 口。设置完毕后，回到通信窗口，双击"双击刷新"，系统就会自动找到相应的设备与之通信。

7. 程序设计准备工作

S7－200 可编程序控制器通过 I/O（输入/输出）接口与外围元器件联系，接受操作指令和检测各种状态，并把控制运算的结果输出。S7－200 可编程序控制器内运行的程序实现了以前用继电器硬件连接实现的逻辑。在 S7－200 CPU 控制程序中，使用 I/O 地址来访问实际连接到 CPU 输入/输出端子的实际器件。

10.3.2 S7－200 系列 PLC 的寻址方式及数据存储类型

S7－200 可编程序控制器将信息存储在不同的存储单元，每个单元都有惟一的地址。S7－200 CPU 使用数据地址访问所有的数据称为寻址。输入/输出点、中间运算数据等各种数据类型具有各自的地址定义，大部分指令都需要指定数据地址。本节将从 S7－200 可编程序控制器的数据长度、寻址、寻址方式和内部数据存储区几个方面进行介绍。

1. 数据类型

S7 – 200 可编程序控制器寻址时可以使用不同的数据长度。不同的数据长度表示的数值范围不同。S7 – 200 指令也分别需要不同的数据长度。S7 – 200 可编程序控制器在存储单元存放的数据类型有布尔型（ BOOL）、整数型（ INT）、实数型和字符串型四种。数据长度和数值范围如表 10-1 所示。

表 10-1　可编程序控制器的数据类型表

数 据 类 型	数 据 长 度		
	字节（8 位值）	字（16 位值）	双字（ 32 位值）
无符号整数	0 ~ 255 0 ~ FF	0 ~ 65535 0 ~ FFFF	0 ~ 4294967295 0 ~ FFFF FFFF
有符号整数	− 128 ~ + 127 80 ~ 7F	− 32768 ~ + 32767 8000 ~ 7FFF	− 217483648 ~ + 2147483647 80000000 ~ 7FFF FFFF

（1）实数的格式

实数（浮点数）由 32 位单精度数表示，其格式按照 ANSI/IEEE 754——1985 标准中所描述的形式。实数按照双字长度来存取。对于 S7 – 200 可编程序控制器来说，浮点数精确到小数点后第六位。因而当使用一个浮点数常数时，最多可以指定到小数点后第六位。在计算中涉及非常大和非常小的数，则有可能导致计算结果不精确。

（2）字符串的格式

字符串指的是一系列字符，每个字符以字节的形式存储。字符串的第一个字节定义了字符串的长度，也就是字符的个数。一个字符串的长度可以是 0 ~ 254 个字符，再加上长度字节，一个字符串的最大长度为 255 个字节。而一个字符串常量的最大长度为 126 字节。

（3）布尔型数据（0 或 1）

（4）S7 – 200 CPU 不支持数据类型检测

例如：可以在加法指令中使用 VW100 中的值作为有符号整数，同时也可以在异或指令中将 VW100 中的数据当作无符号的二进制数。

（5）常数

在 S7 – 200 可编程序控制器的许多指令中都可以使用常数值。常数可以是字节、字或者双字。S7 – 200 可编程序控制器以二进制数的形式存储常数，可以分别表示十进制数、十六进制数、ASCII 码或者实数（浮点数）。

2. S7 – 200 系列 PLC 寻址方式

在 S7 – 200 可编程序控制器中，寻址方式分为两种：直接寻址和间接寻址。直接寻址方式是指在指令中直接使用存储器或寄存器的元件名称和地址编号，直接查找数据。间接寻址是指使用地址指针来存取存储器中的数据，使用前，首先将数据所在单元的内存地址放入地址指针寄存器中，然后根据此地址存取数据，本书仅介绍直接寻址。

直接寻址时，操作数的地址应按规定的格式表示。指令中数据类型应与指令相符匹配。在 S7 – 200 可编程序控制器中，可以按位、字节、字和双字对存储单元进行寻址。寻址时，数据地址以代表存储区类型的字母开始，随后是表示数据长度的标记，然后是存储单元编号；对于按位寻址，还需要在分隔符后指定位编号。

在表示数据长度时，分别用 B、W、D 字母作为字节、字和双字的标识符。

（1）位寻址方式

位寻址是指按位对存储单元进行寻址，位寻址也称为字节．位寻址，一个字节占有 8 个位。位寻址时，一般将该位看作是一个独立的软元件，像一个继电器一样，看作它有线圈及动合（常开）、动分（常闭）触点，且当该位置 1 时，即线圈"得电"时，动合（常开）触点接通，动分（常闭）触点断开。由于取用这类元器件的触点只是访问该位的"状态"，因此可以认为这些元器件的触点有无数多对。字节．位寻址一般用来表示"开关量"或"逻辑量"。I3.4 表示输入映像寄存器 3 号字节的 4 号位。

位寻址的格式：[区域标识] [字节地址]. [位地址]

（2）字节寻址（8 bit）方式

字节寻址由存储区标识符、字节标识符和字节地址组合而成，如 VB100。

字节寻址的格式：[区域标识] [字节标识符]. [字节地址]

（3）字寻址（16 bit）方式

字寻址由存储区标识符、字标识符及字节起始地址组合而成，如 VW100。

字寻址的格式：[区域标识] [字标识符]. [字节起始地址]

（4）双字寻址（32 bit）方式

双字寻址由存储区标识符、双字标识符及字节起始地址组合而成，如 VD100。

双字寻址的格式：[区域标识] [双字标识符]. [字节起始地址]

为使用方便和使数据与存储器单元长度统一，S7-200 可编程序控制器中，一般存储单元都具有位寻址、字节寻址、字寻址及双子寻址 4 种寻址方式。寻址时，不同的寻址方式情况下，选用同一字节地址作为起始地址时，其所表示的地址空间是不同的。

在 S7-200 可编程序控制器中，一些存储数据专用的存储单元不支持位寻址方式，主要有模拟量输入/输出、累加器、定时器和计数器的当前值存储器等。而累加器不论采用何种寻址方式，都要占用 32 位，模拟量单元寻址时均以偶数标志。此外，定时器、计数器具有当前值存储器及位存储器，属于同一个器件的存储器采用同一标号寻址。

3. S7-200 系列 PLC 数据存储区类型

（1）输入继电器（I）

输入继电器用来接受外部传感器或开关元件发来的信号，是专设的输入过程映像寄存器。它只能由外部信号驱动程序驱动。在每次扫描周期的开始，CPU 总对物理输入进行采样，并将采样值写入输入过程映像寄存器中。输入继电器一般采用八进制编号，一个端子占用一个点。它有 4 种寻址方式即可以按位、字节、字或双字来存取输入过程映像寄存器中的数据。

位：I [字节地址]. [位地址]，如 I0.1；

字节、字或双字：I [长度] [起始字节地址]，如 IB3、IW4、ID0。

（2）输出继电器（Q）

输出继电器是用来将 PLC 的输出信号传递给负载，是专设的输出过程映像寄存器。它只能用程序指令驱动。在每次扫描周期的结尾，CPU 将输出映像寄存器中的数值复制到物理输出点上，并将采样值写入，以驱动负载。输出继电器一般采用八进制编号，一个端子占用一个点。它有 4 种寻址方式，即可以按位、字节、字或双字来存取输出过程映像寄存器中的数据。

位：Q［字节地址］.［位地址］，如 Q0.2；

字节、字或双字：Q［长度］［起始字节地址］，如 QB2、QW6、QD4。

（3）变量存储区（V）

用户可以用变量存储区存储程序执行过程中控制逻辑操作的中间结果，也可以用它来保存与工序或任务相关的其他数据。它有 4 种寻址方式，即可以按位、字节、字或双字来存取变量存储区中的数据。

位：V［字节地址］.［位地址］，如 V10.2；

字节、字或双字：V［数据长度］［起始字节地址］，如 VB100、VW200、VD300。

（4）位存储区（M）

在逻辑运算中通常需要一些存储中间操作信息的元件，它们并不直接驱动外部负载，只起中间状态的暂存作用，类似于继电器接触系统中的中间继电器。在 S7 - 200 系列 PLC 中，可以用位存储器作为控制继电器来存储中间操作状态和控制信息。一般以位为单位使用。位存储区有 4 种寻址方式即可以按位、字节、字或双字来存取位存储器中的数据。

位：M［字节地址］.［位地址］，如 M0.3；

字节、字或双字：M［长度］［起始字节地址］，如 MB4、MW10、MD4。

（5）特殊标志位（SM）

特殊标志位为用户提供一些特殊的控制功能及系统信息，用户对操作的一些特殊要求也要通过 SM 通知系统。特殊标志位分为只读区和可读可写区两部分。

只读区特殊标志位，用户只能使用其触点，如：

SM0.0　RUN 监控，PLC 在 RUN 状态时，SM0.0 总为 1。

SM0.1　初始化脉冲，PLC 由 STOP 转为 RUN 时，SM0.1 接通一个扫描周期。

SM0.2　当 RAM 中保存的数据丢失时，SM0.2 接通一个扫描周期。

SM0.3　PLC 上电进入 RUN 时，SM0.3 接通一个扫描周期。

SM0.4　该位提供了一个周期为 1min，占空比为 0.5 的时钟。

SM0.5　该位提供了一个周期为 1s，占空比为 0.5 的时钟。

SM0.6　该位为扫描时钟，本次扫描置 1 下次扫描置 0 交替循环，可作为扫描计数器的输入。

SM0.7　该位指示 CPU 工作方式开关的位置，0 = TERM，1 = RUN。通常用来在 RUN 状态下启动自由口通信方式。

可读可写特殊标志位用于特殊控制功能，如用于自由口设置的 SMB30，用于定时中断时间设置的 SMB34/SMB35，用于高速计数器设置的 SMB36 ~ SMB62，用于脉冲输出和脉冲调制的 SMB66 ~ SMB85 等。

（6）定时器区（T）

在 S7 - 200 PLC 中，定时器作用相当于时间继电器，可用于时间增量的累计。其分辨率分为 3 种：1ms、10ms、100ms。定时器有以下两种寻址形式。

当前值寻址：16 位有符号整数，存储定时器所累计的时间。

定时器位寻址：根据当前值和预置值的比较结果置位或者复位。

两种寻址使用同样的格式：T［定时器编号］，如 T37。

4. I/O 点数扩展和编址

S7 - 200 可编程序控制器的每种主机所提供的本机 I/O 点的 I/O 地址是固定的，进行扩展时，可以在 CPU 右边连接多个扩展模块。每个扩展模块的组态地址编号取决于各模块的类型和该模块在 I/O 链中所处的位置。输入与输出模块的地址不会冲突，模拟量控制模块地址也不会影响数字量。

编址方法是同样类型输入或输出点的模块在链中按所处的位置而递增，这种递增是按字节进行的，如果 CPU 或模块在为物理 I/O 点分配地址时未用完一个字节，那些未用的位也不能分配给 I/O 链中的后续模块。

例如，某一控制系统选用 CPU224，系统所需的输入/输出点数为：数字量输入 24 点、数字量输出 20 点、模拟量输入 6 点和模拟量输出 2 点。本系统可有多种不同模块的选取组合，并且各模块在 I/O 链中的位置排列方式也可能有多种，表 10-2 所示为其对应的各模块的编址情况。

表 10-2　可编程序控制器的扩展模块地址表

主机 I/O		模块 1 I/O	模块 2 I/O	模块 3 I/O		模块 4 I/O		模块 5 I/O	
I0.0	Q0.0	I2.0	Q2.0						
I0.1	Q0.1	I2.1	Q2.1	AIW0	AQW0	I3.0	Q3.0	AIW8	AQW4
I0.2	Q0.2	I2.2	Q2.2	AIW2		I3.1	Q3.1	AIW10	
I0.3	Q0.3	I2.3	Q2.3	AIW4		I3.2	Q3.2	AIVV12	
I0.4	Q0.4	I2.4	Q2.4	AIW6		I3.3	Q3.3	AJW14	
I0.5	Q0.5	I2.5	Q2.5						
I0.6	Q0.6	I2.6	Q2.6						
I0.7	Q0.7	I2.7	Q2.7						
I1.0	Q1.0								
I1.1	Q1.1								

1）同类型输入或输出的模块按顺序进行编制。

2）数字量模块总是保留以 8 位（1 个字节）递增的过程映像寄存器空间。

如果模块没有给保留字节中每一位提供相应的物理点，那些未用位不能分配给 I/O 链中的后续模块。对于输入模块，这些保留字节中未使用的位会在每个输入刷新周期中被清零。

3）模拟量 I/O 点总是以两点递增的方式来分配空间。

如果模块没有给每个点分配相应的物理点，则这些 I/O 点会消失并且不能够分配给 I/O 链中的后续模块。

10.3.3　S7 - 200 系列 PLC 的编程语言与指令系统

1. S7 - 200 系列 PLC 的编程语言

可编程序控制器的编程语言很多，主要有梯形图、语句表、功能图和功能块图。其中，一般比较普遍使用梯形图语言作为可编程序控制器的编程语言，主要是这种编程语言是图形化语言，简单明了、易学易用、可读性较强。

2. S7-200 系列 PLC 的指令系统

（1）位逻辑指令

1）标准输入指令。

动合（常开）触点指令，表示一个与输入母线相连的动合接点指令，即动合接点逻辑运算起始。动分（常闭）触点指令，表示一个与输入母线相连的动断接点指令，即动断接点逻辑运算起始。标准输入指令表见表 10-3。

表 10-3　标准输入指令表

指令名称	指令符号	说明
动合（常开）指令	─┤ bit ├─	位逻辑指令处理两个数字，"1"和"0"，称为二进制数字或二进制位；"1"表示动作或通电，"0"表示未动作或未通电
动分（常闭）指令	─┤ bit / ├─	

2）NOT 指令。

NOT 指令，也称为信号流反向指令，类似于数字电路里面的非门电路的功能。NOT 指令表见表 10-4。

表 10-4　NOT 指令表

指令名称	指令符号	说明
NOT 指令	──┤NOT├──	取 RLO 位的非值

3）上升沿和下降沿指令。

正跳变触点检测到一次正跳变（触点得输入信号由 0 到 1）时，或负跳变触点检测到一次负跳变（触点得输入信号由 1 到 0）时，触点接通到一个扫描周期。正/负跳变的符号为 EU 和 ED，他们没有操作数，触点符号中间的"P"和"N"分别表示正跳变和负跳变。上升沿和下降沿指令表见表 10-5。

表 10-5　上升沿和下降沿指令表

指令名称	指令符号	说明
上升沿指令	─┤ P ├─	信号由"0"变为"1"的时刻，产生 1 个扫描周期的脉冲信号
下降沿指令	─┤ N ├─	信号由"1"变为"0"的时刻，产生 1 个扫描周期的脉冲信号

4）输出和立即输出指令。

输出指令与线圈相对应，驱动线圈的触点电路接通时，线圈流过"能流"，输出类指令应放在梯形图的最右边，变量为 Bool 型。输出和立即输出指令表见表 10-6。

表 10-6　输出和立即输出指令表

指 令 名 称	指 令 符 号	说　　明
输出指令	—(bit)	将输出位的新值写入过程映像寄存器
立即输出指令	—(bit 1)	将输出位的新值写入物理输出和过程映像寄存器

5）置位和复位指令。

S 为置位指令，使动作保持；R 为复位指令，使操作保持复位。从指定的位置开始的 N 个点的映像寄存器都被置位或复位，$N = 1 \sim 255$ 如果被指定复位的是定时器位或计数器位，将清除定时器或计数器的当前值。置位和复位指令表见表 10-7。

表 10-7　置位和复位指令表

指 令 名 称	指 令 符 号	说　　明
置位指令	—(bit S) N	将输出位的新值置位为"1"
复位指令	—(bit R) N	将输出位的新值复位为"0"

6）置位和复位优先稳态触发器指令。

置位和复位优先稳态触发器指令表见表 10-8。

表 10-8　置位和复位优先稳态触发器指令表

指 令 名 称	指 令 符 号	说　　明
置位优先稳态触发器指令	bit ┌S1　OUT┐ SR └R─┘	置位和复位端均为"1"，置位优先，则输出端为"1"
复位优先稳态触发器指令	bit ┌S　OUT┐ SR └R1─┘	置位和复位端均为"1"，复位优先，则输出端为"0"

7）NOP 空指令。

NOP 指令是一条无动作、无目标元件的 1 程序步指令。空操作指令使该步序为空操作。用 NOP 指令替代已写入指令，可以改变电路。在程序中加入 NOP 指令，在改动或追加程序时可以减少步序号的改变。

（2）定时器指令

1）定时器指令（TON、TONR、TOF）。

定时器指令表见表 10-9。

表 10-9　定时器指令表

指　令　名　称	指　令　符　号	说　　　明
TON 型定时器	Txxx IN　TON PT　???ms	接通型延时定时器，用于定时单个时间间隔
TOF 型定时器	Txxx IN　TOF PT　???ms	断开型延时定时器，用于定时单个时间间隔；主要应用于停机冷却系统的应用
TONR 型定时器	Txxx IN　TONR PT　???ms	保持型接通延时定时器，用于累积多个定时时间间隔的时间值

2）定时器编号和分辨率选择。

定时器指令分辨率及地址编号表见表 10-10。

表 10-10　定时器指令分辨率及地址编号表

定时器类型	分　辨　率	最　大　值	定时器编号
TON、TOF	1ms	32.767s	T32、T96
	10ms	327.67s	T33—T36、T97—T100
	100ms	3276.7s	T37—T63、T101—T255
TONR	1ms	32.767s	T0、T64
	10ms	327.67s	T1—T4、T65—T68
	100ms	3276.7s	T5—T31、T69—T95

10.3.4　S7 - 200 系列 PLC 程序的运行调试流程

1. PLC 控制系统的设计与需求分析

1）分析被控对象特性。

分析被控对象的工艺过程及工作特点，了解被控对象机、电之间的配合，确定被控对象对 PLC 控制系统的控制要求。根据生产的工艺过程分析控制要求。如需要完成的动作（动作顺序、动作条件、必需的保护和连锁等）、操作方式(手动、自动、连续、单周期和单步等)。

2）确定输入/输出设备类型及数量。

根据系统的控制要求，确定系统所需的输入设备（如：按钮、位置开关和转换开关等）和输出设备（如：接触器、电磁阀和信号指示灯等）。据此确定 PLC 的 I/O 点数。

2. 选择 PLC 硬件系统

包括 PLC 的机型、容量、I/O 模块和电源的选择。

3. 分配系统 I/O 资源

分配 PLC 的 I/O 点，画出 PLC 的 I/O 端子与输入/输出设备的连接图或对应表。

4. 系统硬件功能及软件程序设计

进行 PLC 程序设计，进行控制柜（台）等硬件及现场施工。由于程序与硬件设计可同时进行，因此 PLC 控制系统的设计周期可大大缩短，而对于继电器系统必须先设计出全部的电气控制电路后才能进行施工图设计。

5. 系统控制柜及操作面板电气布置图及安装接线图设计

设计控制系统各部分的电气互连图，根据图样进行现场接线，并检查。

6. 系统联机调试

联机调试是指将模拟调试通过的程序进行在线统调。

7. 整理技术文件

包括设计说明书、电气安装图、电气元件明细表及使用说明书等。

10.4　技能训练　实用可编程序控制器的设计应用

10.4.1　S7-200 系列 PLC 系统认知及开关量控制应用

1. 任务需求分析

了解 PLC 软硬件结构及系统组成；掌握 PLC 外围直流控制及负载线路的接法及上位计算机与 PLC 通信参数的设置方法。

2. 任务设备列表

可编程序控制器应用设备见表 10-11。

表 10-11　可编程序控制器应用设备表

序号	设 备 名 称	型号与规格	数　　量	备　　注
1	可编程序控制器实训装置	THPFSM-1/2	1	
2	实训导线	3 号	若干	
3	.PC/PPI 通信电缆		1	西门子
4	计算机		1	安装软件

3. 任务控制要求

1）认知西门子 S7-200 系列 PLC 的硬件结构，详细记录其各硬件部件的结构及作用。

2）打开编程软件，编译基本的与、或、非程序段，并下载至 PLC 中。

3）能正确完成 PLC 端子与开关、指示灯接线端子之间的连接操作。

4）拨动 K0、K1，指示灯能正确显示。

4. 硬件 I/O 端口分配及接线图

1）I/O 端口分配功能表。

I/O 端口分配功能表见表 10-12。

表 10-12　I/O 分配功能表

序号	PLC 地址（PLC 端子）	电气符号（面板端子）	功 能 说 明
1	I0.0	K_0	动合（常开）触点 01
2	I0.1	K_1	动合（常开）触点 02
3	Q0.0	L_0	"与"逻辑输出指示
4	Q0.1	L_1	"或"逻辑输出指示
5	Q0.2	L_2	"非"逻辑输出指示
6	主机 1M、面板 V + 接电源 + 24V		电源正端
7	主机 1L、2L、3L、面板 COM 接电源 GND		电源地端

2）PLC 外观及硬件电路接线图。

可编程序控制器外观图如图 10-18 所示。应用硬件接线图如图 10-19 所示。

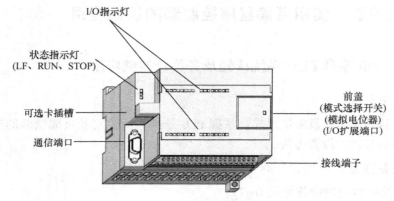

图 10-18　可编程序控制器外观图

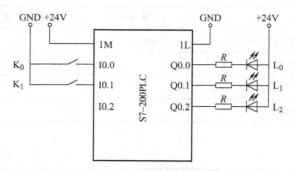

图 10-19　可编程序控制器应用硬件接线图

5. 任务程序流程图

可编程序控制器应用程序流程图如图 10-20 所示。

6. 任务程序示例

标准触点：动合（常开）触点指令（LD、A 和 O）与动分（常闭）触点（LDN、AN、ON）从存储器或过程映像寄存器中得到参考值。当该位为 1 时，动合（常开）触点闭合；

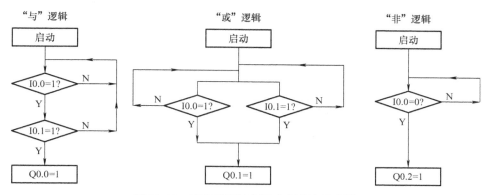

图 10-20 可编程序控制器应用程序流程图

当该位为 0 时，动分（常闭）触点为 1。

输出：输出指令（＝）将新值写入输出点的过程映像寄存器。当输出指令执行时，S7－200 可编程序控制器将输出过程映像寄存器中的位接通或断开。

与逻辑：如图 10-21 所示，I0.0、I0.1 状态均为 1 时，Q0.0 有输出；当 I0.0、I0.1 两者有任何一个状态为 0，Q0.0 输出立即为 0。

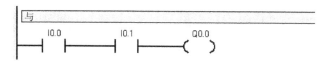

图 10-21 可编程序控制器程序图——与逻辑

或逻辑：如图 10-22 所示：I0.0、I0.1 状态有任意一个为 1 时，Q0.1 即有输出；当 I0.0、I0.1 状态均为 0，Q0.1 输出为 0。

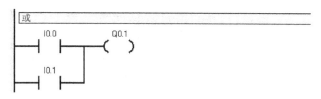

图 10-22 可编程序控制器程序图——或逻辑

非逻辑：如图 10-23 所示：I0.0 状态为 0 时，Q0.2 有输出；当 I0.0 状态为 1，Q0.2 输出立即为 0。

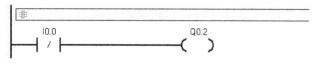

图 10-23 可编程序控制器程序图——非逻辑

7. 任务操作步骤

1）按图 10-24 所示连接上位计算机与 PLC。

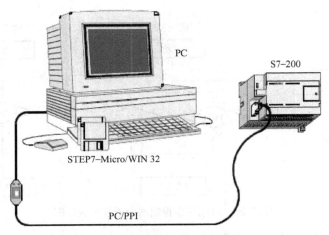

PC

S7-200

STEP7-Micro/WIN 32

PC/PPI

图 10-24　可编程序控制器通信连接示意图

2）按"控制接线图"连接 PLC 外围电路；打开软件，单击 ▦ 按钮，在弹出的对话框中选择"PC/PPI 通信方式"，单击 [属性(R)...] 按钮，设置 PC/PPI 属性，如图 10-25 所示。

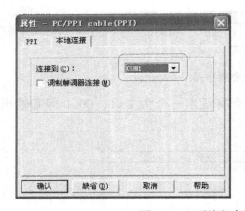

图 10-25　可编程序控制器通信连接设置图

3）单击 ▤ 按钮，在弹出的对话框中，双击 ⇢ 双击刷新 按钮，搜寻 PLC，寻找到 PLC 后，选择该 PLC；至此，PLC 与上位计算机通信参数设置完成。

4）编译实训程序，确认无误后，单击 ▾ 按钮，将程序下载至 PLC 中，下载完毕后，将 PLC 模式选择开关拨至 RUN 状态。

5）将 K_0、K_1 均拨至 OFF 状态，观察记录 L_0 指示灯点亮状态。

6）将 K_0 拨至 ON 状态，将 K_1 拨至 OFF 状态，观察记录 L_1 指示灯点亮状态。

7）将 K_0、K_1 均拨至 ON 状态，观察记录 L_2 指示灯点亮状态。

8. 应用设计总结

1）详细描述 S7-200 PLC 的硬件结构。

2）总结出上位计算机与 S7-200 PLC 通信参数的设置方法。

10.4.2 S7-200系列PLC三相异步电动机直接起动控制应用

1. 任务需求分析

掌握PLC外围控制及交流负载线路的接法及注意事项；掌握用PLC控制电动机运行状态的方法。具体要求如下。

1) 三相异步电动机点动控制。

每按动起动按钮SB_1一次，电动机作星形联结运转一次。

2) 三相异步电动机连续运转控制。

按起动按钮SB_1，电动机作星形联结起动，只有按下停止按钮SB_2时电动机才停止运转。

3) 三相异步电动机正反转控制。

按起动按钮SB_1，电动机作星形联结起动，电动机正转；按起动按钮SB_2，电动机作星形联结起动，电动机反转；在电动机正转时，反转按钮SB_2被屏蔽，在电动机反转时，反转按钮SB_1被屏蔽；如需正反转切换，应首先按下停止按钮SB_3，使电动机处于停止工作状态，方可对其做旋转方向切换。

2. 任务设备列表

任务设备表见表10-13。

表10-13　任务设备表

序号	设备名称	型号与规格	数量	备注
1	可编程序控制器实训装置	THPFSM－1/2	1	
2	实训导线	3号	若干	
3	PC/PPI通信电缆		1	西门子
4	计算机		1	安装软件

3. 硬件I/O端口分配及接线图

1) I/O端口分配功能表。

I/O端口分配功能表见表10-14。

表10-14　I/O端口分配功能表

序号	PLC地址（PLC端子）	电气符号（面板端子）	功能说明
1	I0.0	SB_1	正转起动
2	I0.1	SB_2	反转起动
3	I0.2	SB_3	停止
4	Q0.0	KM_1	正转接触器
5	Q0.1	KM_2	反转接触器
6	主机输入端1M、面板开关公共端COM接电源+24V		输入规格
7	主机输出端1L、2L、3L、接交流电源L		输出规格

2）硬件电路接线图。

三相异步电动机直接起动控制主电路接线图如图 10-26 所示，控制电路接线图如图 10-27 所示。

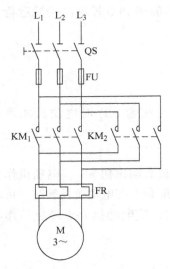

图 10-26　三相异步电动机直接起动控制主电路接线图

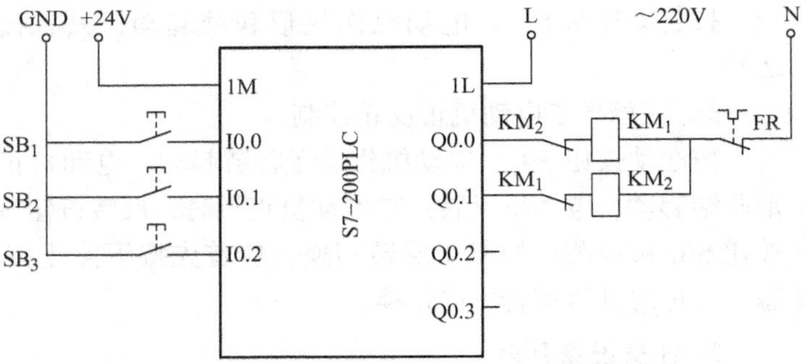

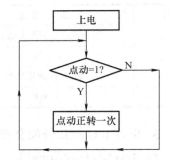

图 10-27　三相异步电动机直接起动控制电路接线图

4. 任务程序流程图及程序示例

（1）三相异步电动机点动控制

1）程序流程图。

三相异步电动机点动控制程序流程图如图 10-28 所示。

2）程序示例。

三相异步电动机点动控制程序如图 10-29 所示。

（2）三相异步电动机连续运转控制

1）程序流程图

三相异步电动机连续运转控制程序流程图如图 10-30 所示。

图 10-28　三相异步电动机点动控制程序流程图

符号	地址	注释
点动运行	Q0.0	
起动	I0.0	

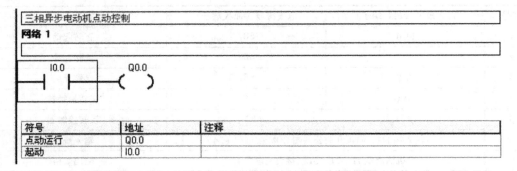

图 10-29　三相异步电动机点动控制程序

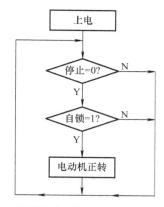

图 10-30   三相异步电动机连续运转控制程序流程图

2）程序示例。

三相异步电动机连续运转控制程序如图 10-31 所示。

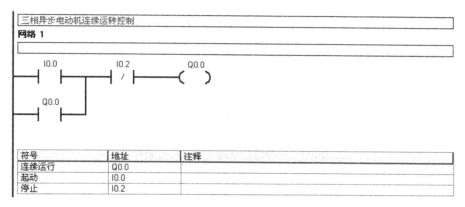

图 10-31   三相异步电动机连续运转控制程序

（3）三相异步电动机正反转控制

1）程序流程图。

三相异步电动机正反转控制程序流程图如图 10-32 所示。

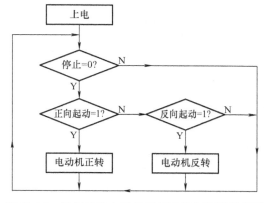

图 10-32   三相异步电动机正反转控制程序流程图

2）程序示例。

三相异步电动机正反转控制程序如图10-33所示。

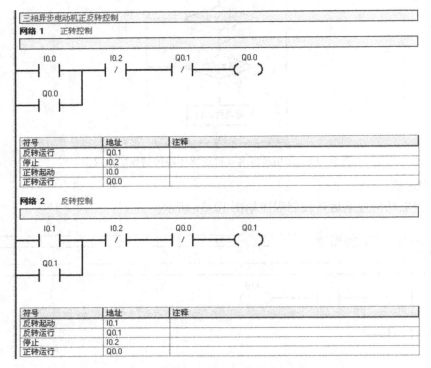

图 10-33　三相异步电动机正反转控制程序

5. 任务操作步骤

1）按控制接线图连接控制回路与主回路。

2）将编译无误的控制程序下载至 PLC 中，并将模式选择开关拨至 RUN 状态。

3）分别拨动 $SB_1 \sim SB_3$，观察并记录电动机运行状态。

4）尝试编译新的控制程序，实现不同于示例程序的控制效果。

6. 应用设计总结

尝试从控制接线图分析电动机控制电路的工作原理。

10. 4. 3　S7 – 200 系列 PLC 三相异步电动机顺序控制应用

1. 任务需求分析

掌握 PLC 外围控制及交流负载线路的接法及注意事项；掌握用 PLC 控制电动机运行状态的方法。具体要求如下：

实现两台三相异步电动机 M_1、M_2 的顺序控制应用，顺序起动，逆序停止。按起动按钮 SB_1，三相异步电动机 M_1 起动，定时器延时 10s，三相异步电动机 M_2 再顺序起动；按停止按钮 SB_2，三相异步电动机 M_2 停止，定时器延时 20s，三相异步电动机 M_1 再顺序停止。

2. 任务设备列表

任务设备列表见表 10-15。

表 10-15　可编程序控制器应用设备表

序号	设 备 名 称	型号与规格	数 量	备 注
1	可编程序控制器实训装置	THPFSM－1/2	1	
2	实训导线	3 号	若干	
3	PC/PPI 通信电缆		1	西门子
4	计算机		1	安装软件

3. 硬件 I/O 端口分配及接线图

1）I/O 端口分配功能表。

I/O 端口分配功能表见表 10-16。

表 10-16　可编程序控制器应用 I/O 分配表

序号	PLC 地址（PLC 端子）	电气符号（面板端子）	功 能 说 明
1	I0.0	SB_1	顺序起动
2	I0.1	SB_2	逆序停止
3	Q0.0	KM_1	电动机 M_1 接触器
4	Q0.1	KM_2	电动机 M_2 接触器
5	主机输入端 1M、面板开关公共端 COM 接电源 +24V		输入规格
6	主机输出端 1L、2L、3L、接交流电源 L		输出规格

2）硬件电路接线图。

三相异步电动机顺序控制应用主电路接线图如图 10-34 所示。控制电路接线如图 10-35 所示。

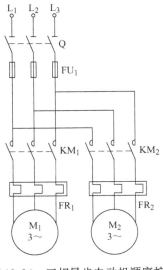

图 10-34　三相异步电动机顺序控制
应用主电路接线图

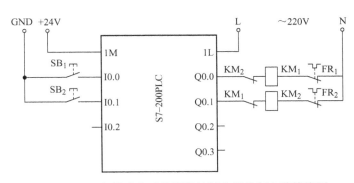

图 10-35　三相异步电动机顺序控制应用控制电路接线图

4. 任务程序流程图及程序示例

1）程序流程图。

三相异步电动机顺序控制程序流程图如图10-36所示。

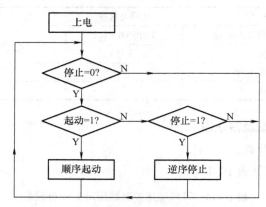

图10-36 三相异步电动机顺序控制程序流程图

2）程序示例。

三相异步电动机顺序控制程序如图10-37所示。

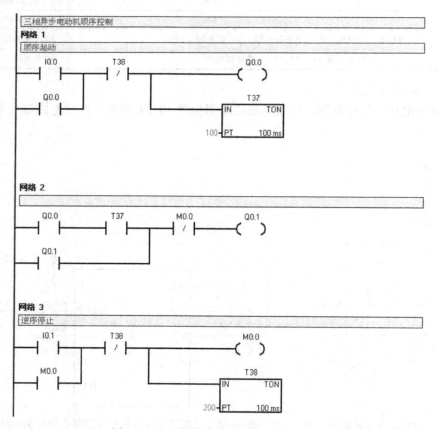

图10-37 三相异步电动机顺序控制程序

5. 任务操作步骤

1）按控制接线图连接控制回路与主回路。

2）将编译无误的控制程序下载至 PLC 中，并将模式选择开关拨至 RUN 状态。

3）分别拨动 $SB_1 \sim SB_2$，观察并记录电动机运行状态。

4）尝试编译新的控制程序，实现不同于示例程序的控制效果。

6. 应用设计总结

尝试从控制接线图分析电动机控制电路的工作原理。

10.4.4 S7-200 系列 PLC 三相异步电动机 Y/△ 减压起动控制应用

1. 任务需求分析

掌握 PLC 外围控制及交流负载线路的接法及注意事项；掌握用 PLC 控制电动机运行状态的方法。具体要求如下：

按起动按钮 SB_1，电动机作 Y 联结起动；6s 后电动机变为 △ 方式运行；按下停止按钮 SB_2，电动机停止运行。

2. 任务设备列表

任务设备列表见表 10-17。

表 10-17 可编程序控制器应用设备表

序号	设 备 名 称	型号与规格	数 量	备 注
1	可编程序控制器实训装置	THPFSM-1/2	1	
2	实训导线	3 号	若干	
3	PC/PPI 通信电缆		1	西门子
4	计算机		1	安装软件

3. 硬件 I/O 端口分配及接线图

1）I/O 端口分配功能表。

I/O 端口分配功能表见表 10-18。

表 10-18 可编程序控制器应用 I/O 分配表

序号	PLC 地址（PLC 端子）	电气符号（面板端子）	功 能 说 明
1	I0.0	SB_1	起动
2	I0.1	SB_2	停止
3	Q0.0	KM_1	接触器 01
4	Q0.1	KM_2	Y 接触器 02
5	Q0.2	KM_3	△ 接触器 03
6	主机输入端 1M、面板开关公共端 COM 接电源 +24V		输入规格
7	主机输出端 1L、2L、3L、接交流电源 L		输出规格

2）硬件电路接线图。

三相异步电动机 Y/△ 减压起动控制应用主电路接线图如图 10-38 所示。控制电路接线图如图 10-39 所示。

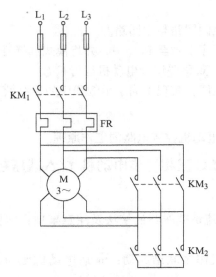

图 10-38　三相异步电动机 Y/△减压起动控制应用主电路接线图

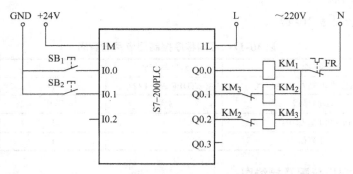

图 10-39　三相异步电动机 Y/△减压起动控制应用控制电路接线图

4. 任务程序流程图及程序示例

（1）程序流程图

三相异步电动机 Y/△减压起动控制程序流程图如图 10-40 所示。

（2）程序示例

三相异步电动机 Y/△减压起动控制程序如图 10-41 所示。

5. 任务操作步骤

1）按控制接线图连接控制回路与主回路。

2）将编译无误的控制程序下载至 PLC 中，并将模式选择开关拨至 RUN 状态。

3）分别拨动 $SB_1 \sim SB_2$，观察并记录电动机运行状态。

4）尝试编译新的控制程序，实现不同于示例程序的控制效果。

6. 应用设计总结

尝试从控制接线图分析电动机控制电路的工作原理。

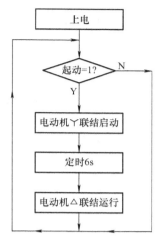

图 10-40　三相异步电动机 Y/△减压起动控制程序流程图

图 10-41　三相异步电动机 Y/△减压起动控制程序

10.5　习题

1. 可编程序控制器的定义是什么？按控制规模（I/O 点数）分类，可编程序控制器有几种？分别是什么？

2. 可编程序控制器的功能特点有哪些？可编程序控制器的应用领域有哪些？

3. S7 – 200 系列 PLC 的硬件组成有哪些？

4. "扫描周期"的工作原理是怎样的？

5. S7 – 200 系列 PLC 寻址方式是怎样的？

6. 简述 TON 型定时器指令的使用方法。

参 考 文 献

[1] 赵承荻，王玺珍，宋涛．电机与电气控制［M］．4 版．北京：高等教育出版社，2014．

[2] 徐建俊．电机与电气控制项目教程［M］．2 版．北京：机械工业出版社，2015．

[3] 杜贵明．张森林．电机与电气控制［M］．武汉：华中科技大学出版社，2010．

[4] 姜玉柱．电机与电力拖动［M］．北京：北京理工大学出版社，2006．

[5] 黄永铭．电动机与变压器维修［M］．北京：高等教育出版社，1999．

[6] 许晓峰．电机及拖动［M］．北京：高等教育出版社，2006．

[7] 李益民．电机及电气控制［M］．北京：高等教育出版社，2006．

[8] 余雷声．电气控制与 PLC 应用［M］．北京：机械工业出版社，2002．

[9] 李敬梅．电力拖动控制线路与技能训练［M］．北京：中国劳动社会保障出版社，2001．

[10] 白雪．电机与电气控制技术［M］．西安：西北工业大学出版社，2008．

[11] 刘子林．电机与电气控制［M］．北京：电子工业出版社，2003．

[12] 肖宝兴．西门子 S7 - 200PLC 的使用经验与技巧［M］．2 版．北京：机械工业出版社，2011．

[13] 樊新军．覃洪英，王俊，等．电机技术及应用［M］．天津：天津大学出版社，2014．

[14] 谭维瑜．电机与电气控制［M］．北京：机械工业出版社，1996．

[15] 邹建华．电机及控制技术［M］．武汉：华中科技大学出版社，2013．

[16] 刘芬．机床电气控制与 PLC［M］．北京：国防工业出版社，2009．

[17] 唐婷．电机与电气控制［M］．北京：北京邮电大学出版社，2014．

[18] 程龙泉．电机与拖动［M］．2 版．北京：北京理工大学出版社，2011．

[19] 田淑珍．电机与电气控制技术［M］．2 版．北京：机械工业出版社，2017．